重庆科技统计年鉴
2022

重庆市科学技术局
重 庆 市 统 计 局　编
重庆生产力促进中心

西南财经大学出版社
中国·成都

图书在版编目(CIP)数据

重庆科技统计年鉴.2022/重庆市科学技术局,重庆市统计局,重庆生产力促进中心编.—成都:西南财经大学出版社,2023.7
ISBN 978-7-5504-5808-6

Ⅰ.①重… Ⅱ.①重…②重…③重… Ⅲ.①科技统计—重庆—2022—年鉴 Ⅳ.①G322.771.9-66

中国国家版本馆 CIP 数据核字(2023)第 098850 号

重庆科技统计年鉴(2022)
CHONGQING KEJI TONGJI NIANJIAN(2022)

重庆市科学技术局
重庆市统计局 编
重庆生产力促进中心

责任编辑:刘佳庆
责任校对:植 苗
封面设计:墨创文化
责任印制:朱曼丽

出版发行	西南财经大学出版社(四川省成都市光华村街 55 号)
网 址	http://cbs.swufe.edu.cn
电子邮件	bookcj@swufe.edu.cn
邮政编码	610074
电 话	028-87353785
照 排	四川胜翔数码印务设计有限公司
印 刷	四川五洲彩印有限责任公司
成品尺寸	210mm×285mm
印 张	13.5
字 数	323 千字
版 次	2023 年 7 月第 1 版
印 次	2023 年 7 月第 1 次印刷
书 号	ISBN 978-7-5504-5808-6
定 价	108.00 元

《重庆科技统计年鉴 2022》编写委员会

《重庆科技统计年鉴 2022》编写组

编写说明

为全面反映重庆市科技进步状况和区域创新能力，服务科技管理部门编制科技规划、制定科技政策，重庆市科技局、重庆市统计局和重庆生产力促进中心共同整理编写了《重庆科技统计年鉴2022》（以下简称《2022年鉴》）。

《2022年鉴》重点收录了重庆市2021年度科技活动情况的统计数据资料，全书共分九个部分。第一部分为反映全社会科技活动的综合统计资料；第二至七部分则依次为工业企业、建筑业和服务业企业、高新技术企业、研究与开发机构、高等学校和企业创新活动的统计资料；第八部分为科技计划及成果统计资料；第九部分为指标解释。

本书有关符号说明："空格"表示该项统计指标数据不足本表最小单位数或者数据为0；"—"表示无统计数据；"#"表示是其中的主要项；"＊"或"①"表示本表下有注解；本年鉴部分数据的合计数或相对数，由于四舍五入而产生的计算误差未作机械调整。

参与本书编写的单位还有重庆市教育委员会、重庆市财政局和重庆市知识产权局。我们对上述单位有关人员在本书的编写过程中给予的大力支持与帮助，表示衷心感谢。

《重庆科技统计年鉴2022》编写组

2023年5月

目录

一、综合

说明：综合部分包括重庆市行政区划，地区生产总值、人均生产总值、财政收入及支出、规模以上工业企业、国内商业、对外经济贸易、金融、人口与就业等主要经济指标，全社会 R&D 人员、R&D 经费支出、地方财政科技支出、高层次人才、科学技术普及等反映全社会科技活动的综合统计资料。

1-1 行政区划（2021 年）

单位：个

地区	镇	乡	街道办事处	村委会	居委会
全市	625	147	245	7954	3273
两江新区			8		53
高新区	7		3	61	36
万盛经开区	8		2	56	43
万州区	27	9	14	413	197
黔江区	18	6	6	138	81
涪陵区	14	2	11	303	120
渝中区			11		79
大渡口区	3		5	32	62
江北区	3		9	13	111
沙坪坝区	4		18	48	112
九龙坡区	4		9	48	111
南岸区	7		8	48	102
北碚区	8		9	104	86
渝北区	11		11	173	184
巴南区	14		9	198	115
长寿区	12		7	221	49
江津区	25		5	175	126
合川区	23		7	322	97
永川区	16		7	207	56
南川区	29	2	3	184	60
綦江区（不含万盛）	16		5	302	79
大足区	21		6	203	106
璧山区	9		6	131	60
铜梁区	23		5	266	67
潼南区	20		3	208	96
荣昌区	15		6	92	64
开州区	27	5	8	423	112
梁平区	26	2	5	269	74
武隆区	10	8	4	184	30
城口县	10	13	2	173	31
丰都县	23	5	2	261	76
垫江县	22	2	2	222	79
忠　县	19	5	4	280	92
云阳县	31	6	4	380	98
奉节县	18	7	4	314	78
巫山县	11	11	2	301	39
巫溪县	19	11	2	288	41
石柱土家族自治县	17	13	3	204	38
秀山土家族苗族自治县	18	4	5	202	66
酉阳土家族苗族自治县	19	18	2	270	8
彭水苗族土家族自治县	18	18	3	237	59

1-2 主要经济指标（2012—2021 年）

指标名称	单位	2012 年	2013 年	2014 年	2015 年	2016 年	2017 年	2018 年	2019 年	2020 年	2021 年
地区生产总值	亿元	11595. 37	13027. 60	14623. 78	16040. 54	18023. 04	20066. 29	21588. 80	23605. 77	25041. 43	27894. 02
第一产业	亿元	879. 67	941. 24	990. 75	1067. 72	1236. 98	1276. 09	1378. 68	1551. 42	1803. 54	1922. 03
第二产业	亿元	5308. 14	5988. 62	6774. 58	7208. 01	7765. 38	8455. 02	8842. 23	9496. 84	9969. 55	11184. 94
#工业	亿元	4291. 40	4775. 67	5369. 87	5621. 47	5896. 16	6202. 38	6268. 10	6656. 72	6990. 77	7888. 68
#建筑业	亿元	1016. 74	1212. 95	1404. 71	1586. 54	1869. 22	2252. 64	2574. 13	2840. 12	2978. 78	3296. 26
第三产业	亿元	5407. 56	6097. 74	6858. 45	7764. 81	9020. 68	10335. 18	11367. 89	12557. 51	13268. 34	14787. 05
人均生产总值①	元	39548	44049	49062	53398	59433	65538	68464	74337	78294	86879
财政预算收入及支出											
公共财政预算收入	亿元	1703. 49	1686. 87	1922. 02	2080. 62	2227. 91	2252. 38	2265. 54	2134. 93	2094. 85	2285. 45
公共财政预算支出	亿元	3046	3058. 94	3304. 39	3813. 82	4001. 81	4336. 28	4540. 95	4847. 68	4893. 95	4835. 06
规模以上工业企业											
单位数	个	4985	5559	6158	6608	6782	6684	6437	6694	6938	7314
工业总产值	亿元	13095. 12	15785. 41	18782. 33	21400. 11	23906. 58	21173. 21	20647. 01	21295. 65	22795. 51	26493. 54
国内商业											
社会消费品零售总额	亿元	5141. 09	5946. 16	6762. 83	7667. 59	8728. 40	9769. 39	10705. 24	11631. 67	11787. 20	13967. 67
对外经济贸易											
进出口总值	亿美元	532. 04	687. 04	954. 5	744. 77	627. 71	666. 04	790. 40	839. 64	941. 76	1238. 33
#出口	亿美元	385. 7	467. 97	634. 09	551. 9	406. 94	425. 99	513. 77	537. 99	605. 29	800. 06
实际使用外资额	亿美元	35. 24	41. 44	42. 33	37. 72	27. 90	22. 20	32. 50	23. 65	21. 01	22. 36

续表

指标名称	单位	2012 年	2013 年	2014 年	2015 年	2016 年	2017 年	2018 年	2019 年	2020 年	2021 年
金融											
金融机构年末存款余额	亿元	18935. 83	22202. 1	24501. 54	28094. 37	31216. 45	33718. 98	35651. 57	37953. 11	41270. 20	44270. 21
金融机构年末贷款余额	亿元	15131. 22	17381. 55	20011. 5	22393. 93	24785. 19	27871. 89	31425. 87	36233. 20	40960. 64	46043. 22
人口与就业											
户籍总户数	万户	1220. 64	1236. 78	1248. 67	1254. 54	1260. 88	1260. 93	1269. 58	1277. 26	1277. 53	1285. 38
户籍总人口	万人	3343. 44	3358. 42	3375. 2	3371. 84	3392. 11	3389. 82	3403. 64	3416. 29	3412. 71	3414. 66
年末常住人口	万人	2974. 88	3011. 03	3043. 48	3070. 02	3109. 96	3143. 51	3163. 14	3187. 84	3208. 93	3212. 43
年末从业人员	万人	1605. 89	1618. 69	1632. 12	1647. 41	1658. 32	1659. 33	1663. 23	1668. 16	1676. 01	1668. 27
#城镇	元	835. 70	869. 50	902. 35	935. 50	976. 13	1004. 52	1032. 46	1068. 58	1100. 12	1108. 23
城市居民人均可支配收入②	元	22968. 14	25216. 13	25147	27239	29610	32193	34889	37939	40006	43502
农村居民人均纯收入③	亿元	7383. 27	8331. 97	9490	10505	11549	12638	13781	15133	16361	18100

注：①人均生产总值按常住人口计算，城市、农村居民收入为抽样调查数；2012 年为一般预算收入和一般预算支出。

②城市居民人均可支配收入 2014 年后为城镇常住居民人均可支配收入。

③农村居民人均纯收入 2014 年后为农村常住居民人均可支配收入。

1-3 研究与试验发展（R&D）活动基本情况（2021 年）

指标	合计	科研机构	高等院校	企业	其他
有 R&D 活动的单位数/个	4223	34	135	3767	287
R&D 经费内部支出/万元	6038410	411638	588804	4789320	248647
#基础研究	297396	59782	213281	8599	15733
应用研究	749547	225061	308365	133859	82261
试验发展	4991467	126795	67158	4646863	150653
#日常性支出	5552479	358361	474814	4527907	191398
#人员劳务费	1878703	152927	152641	1478242	94893
#资产性支出	485931	53278	113991	261414	57249
#仪器和设备	376247	25950	67840	252328	30129
#政府资金	882944	255847	273077	155984	198037
企业资金	4881853	13103	217415	4624924	26411
国外资金（境外资金）	5192		476	4716	
其他资金	268421	142688	97836	3697	24200
R&D 人员/人	202465	10557	38505	145244	8159
#女性	51770	4383	14231	30690	2466
#全时人员	128567	7976	11595	103695	5301
#博士毕业	16222	859	13423	1006	934
硕士毕业	29898	3811	14886	9132	2069
本科毕业	88068	4434	9654	70220	3760
R&D 人员全时当量/人年	123446	9502	14919	92743	6283
#研究人员	53792	6818	12728	29471	4774
#基础研究	8781	1989	6253	281	258
应用研究	17960	4633	7585	3540	2202
试验发展	96706	2880	1080	88922	3824
R&D 项目（课题）/数・项$^{-1}$	64728	3360	37486	22280	1602
R&D 项目（课题）人员全时当量/人年	121743	7703	14920	93879	5242
R&D 项目（课题）经费支出/万元	7723716	140820	2378678	5054551	149667
研究机构机构数/个	2611	35	574	1956	46
研究机构 R&D 人员/人	92309	10557	8463	70901	2388
#博士和硕士	22828	4670	7277	9676	1205
研究机构 R&D 经费支出/万元	3498272	411638	164816	2843035	78783
研究机构仪器设备原价/万元	6608144	280695	484049	5786148	57253
#进口	324488	92299	211609	5	20575

注：高等院校数为理工农医类和人文社科类高校合计数，存在重复计算。

1-4 研究与试验发展（R&D）人员（2013—2021 年）

单位：人

年份	R&D 人员	#女性	#全时人员	#博士毕业	硕士毕业	本科毕业
2013	83722	21156	51574	5665	12837	26419
2014	93167	22410	57247	6040	13049	27027
2015	97774	25292	61006	6711	14494	28585
2016	111943	29173	71867	8142	16102	52917
2017	130227	33805	82707	9631	17907	61056
2018	151117	40236	96920	9312	21516	68448
2019	160668	42671	103546	12940	22906	70144
2020	166227	43974	107935	14047	24728	71829
2021	202465	51770	128567	16222	29898	88068

1-5 研究与试验发展（R&D）人员细分情况（2021 年）

单位：人

项目	单位数/个	#有 R&D 活动	R&D 人员	#女性	#全时人员	#博士毕业	硕士毕业	本科毕业
全市	11727	4223	202465	51770	128567	16222	29898	88068
一、按执行部门分								
企业	11228	3767	145244	30690	103695	1006	9132	70220
研究与开发机构	35	34	10557	4383	7976	859	3811	4434
高等学校	135	135	38505	14231	11595	13423	14886	9654
其他	329	287	8159	2466	5301	934	2069	3760
二、按行业分								
农、林、牧、渔业	2	1	13	1	4	2	2	5
采矿业	177	26	480	87	329	2	6	329
制造业	6860	3302	130132	27728	93646	847	7537	59648
电力、热力、燃气及水生产和供应业	273	33	866	129	279		8	673
建筑业	465	58	2482	260	1172	14	85	1728
批发和零售业	1	1	17	6	10			9
交通运输、仓储和邮政业	757	5	179	40	130		8	125
信息传输、软件和信息技术服务业	517	126	4609	954	3912	37	808	3013
租赁和商务服务业	871	20	269	63	216	1	18	190
科学研究和技术服务业	799	453	23637	7798	16776	1846	6362	12275
水利、环境和公共设施管理业	186	17	262	56	175	6	21	158
教育	135	135	38505	14231	11595	13423	14886	9654
卫生和社会工作	286	35	967	402	287	44	157	230
文化、体育和娱乐业	391	11	47	15	36			31
金融业	7							

续表

项目	单位数/个	#有 R&D 活动	R&D 人员	#女性	#全时人员	#博士毕业	硕士毕业	本科毕业
三、按区县分								
渝中区	474	43	4280	1698	2848	670	689	1247
大渡口区	144	57	3344	707	2140	10	88	608
江北区	415	73	14670	3910	11830	179	1030	2321
沙坪坝区	425	119	19392	5942	9838	4794	4613	2671
九龙坡区	826	418	16032	3376	10335	179	1327	5337
南岸区	385	153	13702	4001	6809	3081	3251	4712
北碚区	435	158	13574	3419	8434	2830	2167	5029
渝北区	1049	343	27803	6200	17250	1741	3568	9927
巴南区	415	167	9213	2426	5470	655	1165	1344
涪陵区	466	174	7926	2399	4479	596	1338	4334
长寿区	371	145	7443	2052	4912	271	2383	15954
江津区	680	232	8585	1928	5763	90	1043	3609
合川区	360	102	3109	916	2012	50	602	1649
永川区	443	201	8112	2098	4757	413	1698	5112
南川区	183	78	1937	473	1259	48	318	1762
綦江区	371	196	4699	1069	3431	74	705	4766
潼南区	276	97	2037	438	1638	30	301	1897
铜梁区	454	220	5477	1119	4093	17	107	471
大足区	445	207	4215	904	3079	22	218	1222
荣昌区	430	172	4057	1156	2920	57	399	1855
璧山区	560	248	9090	1726	6522	90	589	3503
万州区	305	95	4431	1423	2508	221	1210	2119
梁平区	163	67	1503	409	1034	9	84	584
城口县	22	5	50	16	38	1	7	25
丰都县	117	36	413	99	323	19	180	1206
垫江县	186	69	1682	323	1396	27	247	1702
忠　县	142	33	746	200	399	8	85	553
开州区	244	73	1504	414	888		3	9
云阳县	185	33	346	77	262	4	48	316
奉节县	167	53	627	107	322	4	41	306
巫山县	47	20	225	71	151	1	12	80
巫溪县	32	12	116	27	89		2	16
黔江区	96	30	624	225	367	21	205	756
武隆区	103	21	386	136	289	9	104	655
石柱土家族自治县	89	31	496	120	386	2	50	246
秀山土家族苗族自治县	115	15	220	50	69			1
酉阳土家族苗族自治县	59	14	171	66	120		10	90
彭水苗族土家族自治县	47	11	228	51	107	1	10	72

1-6 研究与试验发展（R&D）人员全时当量（2010—2021 年）

单位：人年

年份	R&D 人员全时当量	基础研究	应用研究	试验发展
2010	37078	3634	6049	27396
2011	40698	4187	6232	30281
2012	46115	4020	7214	34882
2013	52612	3667	6891	42054
2014	58354	3797	6781	47776
2015	61520	4111	7883	49527
2016	68055	4581	9071	54403
2017	77923	5568	10770	61588
2018	91973	6215	14447	71311
2019	97602	7955	15603	74049
2020	105712	7525	17411	80777
2021	123446	8781	17960	96706

1-7 按执行部门分研究与试验发展（R&D）人员全时当量（2021 年）

单位：人年

项目	R&D 人员全时当量	#研究人员	#基础研究	应用研究	试验发展
全市	123446	53792	8781	17960	96706
企业	92743	29471	281	3540	88922
#规模以上工业企业	83845	25222	117	2414	81314
研究与开发机构	9502	6818	1989	4633	2880
高等学校	14919	12728	6253	7585	1080
其他	6283	4774	258	2202	3824

1-8 按行业分研究与试验发展（R&D）人员全时当量（2021 年）

单位：人年

行业	R&D 人员全时当量	#研究人员	#基础研究	应用研究	试验发展
全市	123446	53792	8781	17960	96706
农、林、牧、渔业	9	3			9
采矿业	328	139		83	245
制造业	82989	24834	117	2298	80575
电力、热力、燃气及水生产和供应业	527	250		33	494
建筑业	1558	697	36	316	1206

续表

行业	R&D人员全时当量	#研究人员	#基础研究	应用研究	试验发展
批发和零售业	13	4			13
交通运输、仓储和邮政业	105	50			105
信息传输、软件和信息技术服务业	2851	1342	12	123	2716
租赁和商务服务业	158	84			158
科学研究和技术服务业	19284	13294	2336	7326	9622
水利、环境和公共设施管理业	165	75		6	159
教育	14919	12728	6253	7585	1080
卫生和社会工作	507	282	27	176	303
文化、体育和娱乐业	35	12		13	22
金融业					

1-9　各区县研究与试验发展（R&D）人员全时当量（2021年）

单位：人年

区县	R&D人员全时当量	#研究人员	#基础研究	应用研究	试验发展
全市	123446	53792	8781	17960	96706
渝中区	2816	1747	1359	662	795
大渡口区	2265	874	5	126	2133
江北区	8510	4272	702	1247	6559
沙坪坝区	10347	6732	1937	2935	5475
九龙坡区	9619	3637	125	642	8851
南岸区	6817	3872	1083	1694	4041
北碚区	8491	4438	1264	1422	5804
渝北区	16899	8206	520	2505	13875
巴南区	5760	2440	259	579	4922
涪陵区	5061	1974	328	677	4056
长寿区	4853	1820	164	636	4053
江津区	5021	1582	125	411	4484
合川区	1946	579	43	333	1570
永川区	4937	1707	196	788	3953
南川区	1309	456	77	163	1069
綦江区	3080	1129	51	622	2406
潼南区	1402	469	16	119	1268
铜梁区	3937	948	5	49	3884
大足区	2867	816	50	179	2638
荣昌区	2680	1000	96	271	2313

续表

区县	R&D 人员全时当量	#研究人员	#基础研究	应用研究	试验发展
璧山区	6409	1878	41	403	5966
万州区	2398	1274	218	667	1513
梁平区	1015	293	5	61	949
城口县	46	26		23	23
丰都县	340	132	11	40	288
垫江县	1064	291	15	331	719
忠　县	379	97	9	36	334
开州区	881	174	8		873
云阳县	248	157	9	62	177
奉节县	353	120	3	9	341
巫山县	166	63		24	142
巫溪县	76	10		1	75
黔江区	374	153	17	59	298
武隆区	266	94	5	55	206
石柱土家族自治县	401	164	2	70	329
秀山土家族苗族自治县	137	31			137
酉阳土家族苗族自治县	145	105	27	47	71
彭水苗族土家族自治县	131	32	6	11	114

1-10　研究与试验发展（R&D）经费内部支出（2010—2021 年）

单位：万元

年份	R&D 经费内部支出	#基础研究	应用研究	试验发展	占地区生产总值比重 /%
2010	1002663	64984	131763	805916	1. 24
2011	1283560	89403	206511	987649	1. 26
2012	1597973	87535	243231	1267209	1. 38
2013	1764911	69563	160252	1535096	1. 35
2014	2018528	69354	189040	1760134	1. 38
2015	2470012	89645	242429	2137937	1. 54
2016	3021830	127703	293145	2600981	1. 68
2017	3646309	157618	351867	3136824	1. 82
2018	4102094	209690	482468	3409936	1. 90
2019	4695714	281486	459125	3955103	1. 99
2020	5267944	232516	667494	4367934	2. 11
2021	6038410	297396	749547	4991467	2. 16

1-11 按执行部门分研究与试验发展（R&D）经费内部支出（2021 年）

单位：万元

项目	R&D 经费内部支出	#基础研究	应用研究	试验发展
全市	6038410	297396	749547	4991467
企业	4789320	8599	133859	4646863
#规模以上工业企业	4245267	4786	107292	4133189
研究与开发机构	411638	59782	225061	126795
高等学校	588804	213281	308365	67158
其他	248647	15733	82261	150653

1-12 按行业分研究与试验发展（R&D）经费内部支出（2021 年）

单位：万元

行业	R&D 经费内部支出	#基础研究	应用研究	试验发展
全市	6038410	297396	749547	4991467
农、林、牧、渔业	117			117
采矿业	53307		3951	49356
制造业	4235902	4786	101193	4129923
电力、热力、燃气及水生产和供应业	47674		2148	45526
建筑业	58535	335	6832	51368
批发和零售业	232			232
交通运输、仓储和邮政业	3364			3364
信息传输、软件和信息技术服务业	162259	724	2663	158873
租赁和商务服务业	5616			5616
科学研究和技术服务业	859680	72714	320712	466254
水利、环境和公共设施管理业	7249		64	7185
教育	588804	213281	308365	67158
卫生和社会工作	14489	5556	3539	5394
文化、体育和娱乐业	1183		80	1103
金融业				

1-13 各区县研究与试验发展（R&D）经费内部支出（2021 年）

单位：万元

区县	R&D 经费内部支出	#基础研究	应用研究	试验发展	占地区生产总值比重/%
全市	6038410	297396	749547	4991467	2.16
渝中区	110791	50155	17246	43389	0.73
大渡口区	107778	195	3003	104580	3.47
江北区	524700	14473	59953	450274	3.48
沙坪坝区	470342	93637	155719	220986	4.44
九龙坡区	409878	3610	23159	383109	2.36
南岸区	289945	30575	77539	181831	3.29
北碚区	365510	38213	57669	269627	5.09
渝北区	949583	11418	68189	869976	4.25
巴南区	329791	9672	23530	296590	3.42
涪陵区	314733	6186	28007	280541	2.24
长寿区	249553	5882	36324	207347	2.88
江津区	263946	3281	14619	246046	2.10
合川区	56548	910	8357	47281	0.58
永川区	271509	6459	32078	232971	2.37
南川区	55817	2200	8139	45478	1.37
綦江区	145370	1684	22136	121551	1.96
潼南区	60187	563	4397	55227	1.12
铜梁区	143569	364	1734	141471	2.04
大足区	146327	1202	8562	136563	1.83
荣昌区	149184	2634	14728	131822	1.83
璧山区	271465	1326	21574	248565	3.10
万州区	95304	7712	28503	59090	0.88
梁平区	44591	181	3557	40853	0.81
城口县	2248		1416	832	0.37
丰都县	13608	381	2464	10763	0.36
垫江县	32728	539	9067	23122	0.65
忠　县	21511	384	1701	19426	0.44
开州区	36751	109	9	36633	0.61
云阳县	19750	927	3734	15090	0.37
奉节县	22584	89	578	21917	0.61
巫山县	4075	15	358	3702	0.20
巫溪县	1276	5	34	1237	0.11
黔江区	10515	491	2622	7402	0.39
武隆区	10645	192	2841	7612	0.41
石柱土家族自治县	14470	330	3180	10960	0.78
秀山土家族苗族自治县	8463		2	8461	0.25
酉阳土家族苗族自治县	7718	1186	2382	4150	0.36
彭水苗族土家族自治县	5647	218	438	4991	0.21

1-14 按支出用途分研究与试验发展（R&D）经费内部支出（2010—2021 年）

单位：万元

年份	R&D 经费内部支出	#日常性支出	#人员劳务费	#资产性支出	#仪器和设备
2010	1002663	778744	218186	223920	191782
2011	1283560	1037142	265470	246419	217047
2012	1597973	1316849	362091	281125	231793
2013	1764911	1448575	478775	316336	274124
2014	2018528	1650418	567723	368110	330489
2015	2470012	2038555	691165	431457	353186
2016	3021830	2464337	863209	557494	467977
2017	3646309	3050672	1060847	595637	510021
2018	4102094	3563521	1179154	538573	450002
2019	4695714	4227930	1387423	442915	321636
2020	5267944	4648252	1601994	619692	504502
2021	6038410	5552479	1878703	485931	376247

1-15 按执行部门和支出用途分试验发展（R&D）经费内部支出（2021 年）

单位：万元

执行部门	R&D 经费内部支出	#日常性支出	#人员劳务费	#资产性支出	#仪器和设备
全市	6038410	5552479	1878703	485931	376247
企业	4789320	4527907	1478242	261414	252328
#规模以上工业企业	4245267	4017921	1228334	227346	218981
研究与开发机构	411638	358361	152927	53278	25950
高等学校	588804	474814	152641	113991	67840
其他	248647	191398	94893	57249	30129

1-16 各行业按支出用途分研究与试验发展（R&D）经费内部支出（2021 年）

单位：万元

行业	R&D 经费内部支出	#日常性支出	#人员劳务费	#资产性支出	#仪器和设备
全市	6038410	5552479	1878703	485931	376247
农、林、牧、渔业	117	31	12	86	29
采矿业	53307	53103	5318	204	182
制造业	4235902	4007475	1247169	228428	220129
电力、热力、燃气及水生产和供应业	47674	43835	6089	3838	3627
建筑业	58535	58455	27604	80	66

续表

行业	R&D经费内部支出	#日常性支出		#资产性支出	
			#人员劳务费		#仪器和设备
批发和零售业	232	210	124	22	20
交通运输、仓储和邮政业	3364	3332	1727	31	
信息传输、软件和信息技术服务业	162259	159201	91469	3058	2818
租赁和商务服务业	5616	5199	1721	417	417
科学研究和技术服务业	859680	729768	337882	129911	76600
水利、环境和公共设施管理业	7249	5527	1882	1722	1711
教育	588804	474814	152641	113991	67840
卫生和社会工作	14489	10362	4740	4128	2794
文化、体育和娱乐业	1183	1168	326	15	15
金融业					

1-17 各区县按支出用途分研究与试验发展（R&D）经费内部支出（2021年）

单位：万元

区县	R&D经费内部支出	#日常性支出		#资产性支出	
			#人员劳务费		#仪器和设备
全市	6038410	5552479	1878703	485931	376247
渝中区	110791	85523	37352	25268	13305
大渡口区	107778	100692	29758	7086	6957
江北区	524700	505293	192368	19408	13847
沙坪坝区	470342	423551	177849	46790	37301
九龙坡区	409878	385701	145213	24177	18115
南岸区	289945	253738	113837	36207	25131
北碚区	365510	329122	136942	36388	26641
渝北区	949583	873226	305180	76357	69543
巴南区	329791	297467	87608	32324	20988
涪陵区	314733	297969	71636	16765	14264
长寿区	249553	229222	86264	20331	19030
江津区	263946	245371	76032	18575	17537
合川区	56548	54608	20012	1940	1673
永川区	271509	249947	53831	21562	17736
南川区	55817	53042	14220	2775	2152
綦江区	145370	139574	39729	5796	5425
潼南区	60187	56553	17192	3634	2994
铜梁区	143569	132563	30280	11006	8802
大足区	146327	137499	26905	8828	7674
荣昌区	149184	134502	34439	14682	4605

续表

区县	R&D 经费内部支出	#日常性支出		#资产性支出	
			#人员劳务费		#仪器和设备
璧山区	271465	249914	92224	21551	20746
万州区	95304	82132	28616	13172	5768
梁平区	44591	40480	10021	4110	2883
城口县	2248	1808	508	440	130
丰都县	13608	12998	3720	610	552
垫江县	32728	31383	11161	1345	1251
忠　县	21511	20336	4723	1175	987
开州区	36751	36183	5600	568	377
云阳县	19750	19131	3266	619	401
奉节县	22584	18309	4400	4275	4092
巫山县	4075	3855	1501	221	218
巫溪县	1276	1090	421	186	185
黔江区	10515	9210	3693	1305	981
武隆区	10645	10213	3156	432	118
石柱土家族自治县	14470	11354	4267	3115	1656
秀山土家族苗族自治县	8463	6766	1472	1697	1657
酉阳土家族苗族自治县	7718	6545	2270	1172	508
彭水苗族土家族自治县	5647	5608	1036	39	14

1-18　按资金来源分研究与试验发展（R&D）经费内部支出（2010—2021 年）

单位：万元

年份	R&D 经费内部支出				
		#政府资金	企业资金	境外资金	其他资金
2010	1002663	208184	755313	3095	36077
2011	1283560	201425	1014756	5416	61971
2012	1597973	230572	1258192	2393	106818
2013	1764911	241133	1453276	4516	65987
2014	2018528	232515	1735805	4056	46152
2015	2470012	364514	2043908	8680	52910
2016	3021830	440241	2441753	4895	134941
2017	3646309	507509	2973184	5139	160478
2018	4102094	697312	3240545	6455	157782
2019	4695714	778101	3733598	416	183599
2020	5267944	772417	4278157	2491	214878
2021	6038410	882944	4881853	5192	268421

1-19 按执行部门和资金来源分研究与试验发展（R&D）经费内部支出（2021 年）

单位：万元

执行部门	R&D 经费内部支出	#政府资金	企业资金	境外资金	其他资金
全市	6038410	882944	4881853	5192	268421
企业	4789320	155984	4624924	4716	3697
#规模以上工业企业	4245267	127631	4110417	4716	2503
研究与开发机构	411638	255847	13103		142688
高等学校	588804	273077	217415	476	97836
其他	248647	198037	26411		24200

1-20 各行业按资金来源分研究与试验发展（R&D）经费内部支出（2021 年）

单位：万元

行业	R&D 经费内部支出	#政府资金	企业资金	境外资金	其他资金
全市	6038410	882944	4881853	5192	268421
农、林、牧、渔业	117	2	115		
采矿业	53307	179	53127		
制造业	4235902	126753	4101931	4716	2503
电力、热力、燃气及水生产和供应业	47674	700	46974		
建筑业	58535	152	58383		
批发和零售业	232	30	202		
交通运输、仓储和邮政业	3364	1028	2335		
信息传输、软件和信息技术服务业	162259	12752	148839		668
租赁和商务服务业	5616	217	5399		
科学研究和技术服务业	859680	461386	230914		167381
水利、环境和公共设施管理业	7249	366	6883		
教育	588804	273077	217415	476	97836
卫生和社会工作	14489	6221	8234		34
文化、体育和娱乐业	1183	82	1101		
金融业					

1-21 各区县按资金来源分研究与试验发展（R&D）经费内部支出（2021 年）

单位：万元

区县	R&D 经费内部支出	#政府资金	企业资金	境外资金	其他资金
全市	6038410	882944	4881853	5192	268421
渝中区	110791	48322	53092		9376
大渡口区	107778	2180	105014		584
江北区	524700	29926	464645		30130
沙坪坝区	470342	122859	289784	101	57598
九龙坡区	409878	45568	338819	1552	23939
南岸区	289945	66498	197352	1440	24656
北碚区	365510	108548	242805	9	14147
渝北区	949583	132471	790530		26582
巴南区	329791	25566	298474		5751
涪陵区	314733	24916	285638	44	4136
长寿区	249553	29751	204008	244	15551
江津区	263946	10918	247747	580	4702
合川区	56548	8276	46128		2143
永川区	271509	28064	234862		8582
南川区	55817	8804	44910		2103
綦江区	145370	12834	127548		4989
潼南区	60187	7462	50388		2337
铜梁区	143569	20237	122807		525
大足区	146327	16558	128764		1005
荣昌区	149184	31786	115709		1689
璧山区	271465	29707	236980	1180	3597
万州区	95304	27754	51421	42	16087
梁平区	44591	2836	41212		542
城口县	2248	1824	143		281
丰都县	13608	2106	10359		1144
垫江县	32728	4887	26199		1642
忠　县	21511	1484	18945		1082
开州区	36751	1914	34833		4
云阳县	19750	4504	14968		279
奉节县	22584	2124	20134		325
巫山县	4075	1188	2843		44
巫溪县	1276	23	1237		16
黔江区	10515	3010	6693		813
武隆区	10645	5022	5048		575
石柱土家族自治县	14470	8156	6134		180
秀山土家族苗族自治县	8463	1	8461		1
酉阳土家族苗族自治县	7718	4757	1744		1217
彭水苗族土家族自治县	5647	103	5475		69

1-22 研究与试验发展（R&D）经费外部支出（2010—2021 年）

单位：万元

年份	R&D 经费外部支出	#对境内研究机构支出	对境内高等学校支出	对境内企业支出	对境外机构支出
2010	63853	32715	11562	5301	14115
2011	78962	35828	12159	3526	27446
2012	82618	46226	13489	9556	13291
2013	84550	51767	13879	11537	7080
2014	93429	49805	13555	13044	14969
2015	91393	29061	17326	37184	7582
2016	139655	36674	22550	69932	10495
2017	183197	29372	24814	119795	9079
2018	195469	33753	22764	115350	22623
2019	247666	45765	26012	160929	14402
2020	297142	57078	23325	196691	18972
2021	351485	49311	25272	186454	88857

注：该数据与各分项数据和数差别较大，属于多部门汇总数据误差。

1-23 研究与试验发展（R&D）经费外部支出（2021 年）

单位：万元

项目	R&D 经费外部支出	#对境内研究机构支出	对境内高等学校支出	对境内企业支出	对境外机构支出
全市	351485	49311	25272	186454	88857
一、按执行部门分					
企业	322388	37318	15024	181223	88824
#规模以上工业企业	194336	33869	11677	127950	20840
研究与开发机构	4785	2238	1155	1392	
高等学校	19653	9488	7962	2069	2
其他	4659	267	1130	1771	31
二、按行业分					
农、林、牧、渔业	2	1	2		
采矿业	1009	545	447	16	
制造业	186590	32602	10728	122419	20840
电力、热力、燃气及水生产和供应业	6738	721	502	5515	
建筑业	2014	1187	199	628	
批发和零售业					
交通运输、仓储和邮政业	471	1		470	
信息传输、软件和信息技术服务业	25358	393	1621	22765	579
租赁和商务服务业	150	4	3	143	
科学研究和技术服务业	109488	4367	3808	32417	67436
水利、环境和公共设施管理业					

续表

项目	R&D经费外部支出	#对境内研究机构支出	对境内高等学校支出	对境内企业支出	对境外机构支出
教育	19653	9488	7962	2069	2
卫生和社会工作	13	1		13	
文化、体育和娱乐业					
金融业					
三、按区县分					
渝中区	7395	1628	843	4924	
大渡口区	2925	211	109	2583	22
江北区	47483	6890	1266	37293	1995
沙坪坝区	36260	5029	6222	10666	14304
九龙坡区	20927	3140	1016	15132	1639
南岸区	16787	2349	1313	12712	413
北碚区	17329	5421	4957	6859	
渝北区	133368	7583	5228	52792	67766
巴南区	935	33	102	386	
涪陵区	7360	4064	742	2534	
长寿区	18104	150	313	16980	663
江津区	4329	871	861	1009	1588
合川区	3364	101	18	3244	
永川区	1847	363	243	1240	
南川区	286	13	14	259	
綦江区	6737	1583	123	5032	
潼南区	490	6	2	482	
铜梁区	209	17	40	153	
大足区	792	35	77	578	103
荣昌区	3077	124	12	2941	
璧山区	10309	2513	1437	5995	363
万州区	555	109	225	222	
梁平区	67		22	45	
城口县	853				
丰都县					
垫江县	930	53	42	834	
忠　县	839	69	33	685	
开州区					
云阳县	6738	6738			
奉节县	176	15	9	153	
巫山县	37	1	1	35	
巫溪县					
黔江区	89	5	8	77	
武隆区	66			66	
石柱土家族自治县	812	187		545	
秀山土家族苗族自治县					
酉阳土家族苗族自治县	10	9			
彭水苗族土家族自治县					

1-24 地方财政科技支出（2014—2021年）

单位：万元

项目	2014年	2015年	2016年	2017年	2018年	2019年	2020年	2021年
一般公共财政支出	33043884	37919973	40018090	43362800	45409487	48476795	48939461	48350551
全市地方财政科技拨款	381661	458033	516208	593077	685887	792329	828722	926407
地方科技拨款占公共财政支出的比重/%	1.16	1.21	1.29	1.37	1.51	1.63	1.69	1.92
按级别分								
市级	132420	149026	197953	236806	295876	298830	218718	249569
区县级	249241	309007	318255	356271	390011	493499	610004	676838
按用途分								
#科学技术管理事务	15794	17747	14180	18977	28212	28190	32105	27334
基础研究	4226	6729	4017	6260	7223	13704	24887	54691
应用研究	21325	21376	22928	22231	25191	25837	61406	46882
技术研究与开发	235123	322715	380637	382083	436981	426598	323805	265440
科技条件与服务	14545	26135	32229	35770	46790	121506	35652	32632
社会科学	5338	5654	5921	6962	6383	8083	7800	9043
科学技术普及	12483	17587	19715	28526	31665	25555	28230	30194
科技交流与合作	245	86	166	206	560	1502	772	766
科技重大专项	670	450	964	3624	5008		35494	64099
其他科学技术支出	71912	39554	35451	88438	97874	141354	278571	395326

注：（1）地方财政支出包含公共财政支出、基金支出、国有资本经营支出；（2）地方财政科技拨款是指地方用于科学技术方面的支出，同政府收支分类科目206相同，包括中央对地方的科技专项转移支付。

1-25 各区县地方财政科技支出（2021年）

单位：万元

区县	一般公共财政支出	地方财政科技支出	财政科技支出占公共财政支出的比重/%
重庆市	48350551	926407	1.92
#市本级	16251454	249569	1.54
区县级	32099097	676838	2.11
#渝中区	818115	5542	0.68
大渡口区	357510	4862	1.36
江北区	884696	34755	3.93
沙坪坝区	920890	8599	0.93
九龙坡区	825551	33088	4.01
南岸区	828058	18583	2.24
北碚区	623019	6281	1.01

续表

区县	一般公共财政支出	地方财政科技支出	财政科技支出占公共财政支出的比重/%
渝北区	1164766	28876	2.48
两江新区	2185349	72520	3.32
高新区	708534	201816	28.48
巴南区	982825	16073	1.64
涪陵区	1205722	18482	1.53
长寿区	879435	12369	1.41
江津区	1218283	15050	1.24
合川区	993985	6153	0.62
永川区	985727	14951	1.52
南川区	645090	6761	1.05
綦江区（不含万盛）	708000	8645	1.22
万盛经开区	218211	1741	0.80
潼南区	615118	17426	2.83
铜梁区	743543	9085	1.22
大足区	1016377	12484	1.23
荣昌区	795854	14262	1.79
璧山区	757933	13461	1.78
万州区	1468545	36737	2.50
梁平区	677729	4619	0.68
城口县	366040	586	0.16
丰都县	623396	1077	0.17
垫江县	619937	7886	1.27
忠　县	635126	3708	0.58
开州区	889521	3590	0.40
云阳县	744372	3663	0.49
奉节县	745169	10626	1.43
巫山县	518197	1042	0.20
巫溪县	523957	771	0.15
黔江区	563463	6207	1.10
武隆区	462684	4300	0.93
石柱土家族自治县	459126	2322	0.51
秀山土家族苗族自治县	532808	3108	0.58
酉阳土家族苗族自治县	589551	2611	0.44
彭水苗族土家族自治县	596885	2120	0.36

1-26 各区县按用途分财政科技支出（2021 年）

单位：万元

区县	地方财政科技支出	#科学技术管理事务	基础研究	应用研究	技术研究与开发	科技条件与服务	社会科学	科学技术普及	科技交流与合作	科技重大专项	其他科学技术支出
重庆市	926407	27334	54691	46882	265440	32632	9043	30194	766	64099	395326
#市本级	249569	5463	23940	37926	37792	21626	5876	13420	365	52036	51125
区县级	676838	21871	30751	8956	227648	11006	3167	16774	401	12063	344201
#渝中区	5542	565			137			450			4390
大渡口区	4862	421			2303	264		132			1742
江北区	34755	577			33377	14		397			390
沙坪坝区	8599	459			1629	1907	311	277			4016
九龙坡区	33088	829			5705	900		779			24875
南岸区	18583	633		15	6611			135			11189
北碚区	6281	1530			3301			25			1425
渝北区	28876	469			16880		670	704			10153
两江新区	72520				11106	550					60864
高新区	201816	828	20000		941			29	296	11484	168238
巴南区	16073	435			7876			645			7117
涪陵区	18482	890	130	5018	10563	299	970	272			340
长寿区	12369	230			3957		188	313			7681
江津区	15050	451	354		12642			554			1049
合川区	6153	438		171	4121			326		579	518
永川区	14951	196			13768			481			506
南川区	6761	416	14		2472	122		37			3700
綦江区（不含万盛）	8645	426			1199	734		86			6200
万盛经开区	1741	183		442	166			487			463

续表

区县	地方财政科技支出	#科学技术管理事务	基础研究	应用研究	技术研究与开发	科技条件与服务	社会科学	科学技术普及	科技交流与合作	科技重大专项	其他科学技术支出
潼南区	17426	198			15795		218	185			1030
铜梁区	9085	446		228	5173		21	317			2900
大足区	12484	1127		125	6645		274	476	28		3809
荣昌区	14262	261	4008	11	3724	235	10	5180	18		815
璧山区	13461	1340			9497			193	59		2372
万州区	36737	2311	368	1274	30867	1171	316	430			
梁平区	4619	175			2575	108		908			853
城口县	586	103	273		100			100			10
丰都县	1077	790			63			183			41
垫江县	7886	1898	5600		48	46		90			204
忠　县	3708	302			3095			311			
开州区	3590	305				87		70			3128
云阳县	3663	140			3454			57			12
奉节县	10626	592			1840	3106		68			5020
巫山县	1042	220					189	177			456
巫溪县	771	95						475			201
黔江区	6207	384			392	63		48			5320
武隆区	4300	470			3754			66			10
石柱土家族自治县	2322	406	4		1718			134			60
秀山土家族苗族自治县	3108				144	1400		164			1400
酉阳土家族苗族自治县	2611			1672				927			12
彭水苗族土家族自治县	2120	332			10			86			1692

1-27 高层次人才（2015—2021 年）

项目	2015 年	2016 年	2017 年	2018 年	2019 年	2020 年	2021 年
两院院士/人	13	13	16	16	16	17	18
国家有突出贡献中青年专家/人	80	85	91	91	100	111	118
国家杰出青年科学基金获得者/人	37	41	43	46	50	47	53
新世纪百千万人才工程国家级人选/人	104	104	110	110	119	130	130
国家中青年科技创新领军人才/人	25	29	29	35	35	38	39
国家科技创新创业领军人才/人	13	16	16	21	21	23	23
国家重点领域创新团队/个	4	8	8	11	11	11	12
国家创新人才示范基地/个	3	4	4	4	4	4	5
享受国务院政府特殊津贴人员/人	2478	2588	2588	2644	2644	2703	2703
国家级博士后流动站/工作站/个	85/53	84/59	84/60	73/61	83/65	83/72	83/70
重庆市科技创新领军人才/人	39	59	59	79	99	119	139
重庆市科技创业领军人才/人	20	40	40	60	83	111	131
重庆市科技创投领军人才/人		10	10	15	22	22	24

1-28 重庆市科技特派员选派情况（2018—2021 年）

单位：人

指标	2018 年	2019 年	2020 年	2021 年
特派员人数	6360	2739	3344	3158
按人员属性分				
选派型	4152	2673	1300	2946
自发型	2208	66	2044	212
按来源渠道分				
事业单位	4217	2268	2507	3073
高等院校	634	425	529	875
科研院所	867	488	612	815
农技推广站所	2232	1124	1091	974
其他	484	231	275	409
企业	725	168	313	56
大学生	443	5	175	
乡土人才	481	70	234	12
其他	494	228	115	17

续表

指标	2018 年	2019 年	2020 年	2021 年
按服务/创业方式分				
服务型	5154	2467	2732	2639
无偿	3915	2231	2171	2534
有偿	1239	236	561	105
技术承包	427	1	303	
技术入股	303	1	135	
其他	509	234	123	105
创业型	1206	272	612	519
创办/领办企业人	532	98	365	326
创办合作社或专业协会人	473	64	161	143
其他	201	110	86	50

1-29　科学技术普及情况（2021 年）

指标	单位	2021 年
一、科普人员		
专职人员	人	8002
兼职人员	人	58148
注册科普（技）志愿者	人	71010
二、科普场地		
科技场馆	个	79
非场馆类科普基地	个	842
三、科普经费		
年度筹集额	万元	70649.6
#政府拨款	万元	50720.4
年度使用额	万元	76924.5
#科技活动周经费专项统计	万元	6824.1
四、科普传媒		
科普图书		
出版种数	种	440
年出版总册数	万册	376.3
科普期刊		
出版种数	种	85
年出版总册数	万册	111.4

续表

指标	单位	2021 年
科技类报纸年发行份数	万份	427.2
电视台播出科普（技）节目时间	小时	2320
电台播出科普（技）节目时间	小时	2319
发放科普读物和资料	万份	1989.1
五、科普活动		
科普（技）讲座		
线下次数	次	35897
线下参加人次	万人次	803.3
线上次数	次	2550
线上参加人次	万人次	6277.4
科普（技）展览		
线下次数	次	3991
线下参加人次	万人次	944.6
线上次数	次	317
线上参加人次	万人次	207
科普（技）竞赛		
线下次数	次	1028
线下参加人次	万人次	89.7
线上次数	次	170
线上参加人次	万人次	180.9
科普国际交流		
线下次数	次	29
线下参加人次	万人次	0.3
线上次数	次	22
线上参加人次	万人次	0.5
科技活动周		
线下次数	次	2731
线下参加人次	万人次	191.6
线上次数	次	235
线上参加人次	万人次	470.9
实用技术培训		
次数	次	9317
参加人次	万人次	131
大学、科研机构向社会开放		
个数	个	235
参观人次	万人次	15.1

二、工业企业

说明：工业企业数据调查范围为全市规模以上工业企业，主要内容包括规模以上工业企业科技活动基本情况、R&D人员、R&D经费支出、研发机构、新产品开发和销售、专利、技术获取和技术改造等情况。

2-1 规模以上工业企业科技活动基本情况（2014—2021 年）

指标	2014 年	2015 年	2016 年	2017 年	2018 年	2019 年	2020 年	2021 年
企业基本情况								
有 R&D 活动企业数/个	974	1225	1346	1906	2292	2581	2878	3361
有 R&D 活动企业所占比重/%	15. 8	18. 5	19. 8	28. 5	35. 6	38. 6	41. 5	46. 0
研究与试验发展（R&D）活动情况								
R&D 人员全时当量/人年	43797	45129	47392	55190	61956	62424	69843	83845
R&D 经费内部支出/万元	1664720	1996609	2374859	2799986	2992091	3358918	3725610	4245267
R&D 经费内部支出与主营业务收入之比/%	0. 9	0. 96	1. 01	1. 35	1. 48	1. 60	1. 65	1. 58
企业办研发机构情况								
机构数/个	753	896	1077	1264	1113	1131	2083	1928
机构人员数/人	38800	42105	49663	51764	48302	49255	72414	74738
机构经费支出/万元	1049097	1233365	1509236	1610584	1829055	1869942	2690484	3197207
新产品开发及生产情况								
新产品开发项目数/个	8580	7352	9243	11227	12812	14274	16907	19752
新产品开发经费支出/万元	1863801	2388537	3025777	3252278	3094253	3421298	3972680	4904174
新产品销售收入/万元	36107819	45351174	50143454	53227016	42163130	43654109	58806719	69951788
#新产品出口	3873757	10731971	7149918	13021817	8251054	8924154	11941326	14289567
专利情况								
专利申请数/件	12908	20239	17511	17269	18049	16650	19736	22240
#发明专利	3696	6758	5392	5149	6198	5565	6300	7362
有效发明专利数/件	6272	6328	8585	12472	17579	18281	20650	24388
技术获取和技术改造情况								
引进国外技术经费支出/万元	315610	360485	376013	344998	161982	99016	180425	223761
引进技术消化吸收经费支出/万元	37336	29746	6307	4600	2189	4909	5925	6064
购买国内技术经费支出/万元	35497	48940	45856	54684	16686	18198	11438	22645
技术改造经费支出/万元	743659	630284	706714	628000	399077	723308	702369	635349

2-2 规模以上工业企业基本情况（2021 年）

项目	企业数/个	#有研发机构	#有 R&D 活动	#有新产品销售	新产品销售收入/万元
总计	7310	1739	3361	2892	69951788
一、按规模分					
大型	174	100	141	132	38436516
中型	882	399	655	583	17052680
小型	5619	1223	2522	2143	14397120
微型	635	17	43	34	65472
二、按隶属关系分					
中央属	142	55	89	71	13903994
地方属	320	90	149	129	9989732
其他	6848	1594	3123	2692	46058062
三、按登记注册类型分					
内资企业	6888	1652	3187	2713	55993323
国有企业	64	16	28	22	1108449
集体企业	13	2	3	2	5402
股份合作企业	11	5	3	5	29387
联营企业	1	1	1	1	77079
有限责任公司	902	248	427	358	16391601
股份有限公司	94	50	69	61	12538451
私营企业	5803	1330	2656	2264	25842954
其他企业					
港澳台商投资企业	129	28	54	54	2315915
合资经营企业（港或澳、台资）	46	10	22	22	718388
合作经营企业（港或澳、台资）					
港澳台商独资经营企业	76	16	27	28	1272621
港澳台商投资股份有限公司	5	2	4	3	216480
其他港澳台投资企业	2		1	1	108426
外商投资企业	293	59	120	125	11642550
中外合资经营企业	133	33	72	76	3942022
中外合作经营	5		2	2	9668
外资企业	146	24	42	45	7674575
外商投资股份有限公司	6	2	4	2	16286
其他外商投资企业	3				
四、按行业分					
采矿业	177	11	26	12	1016801
煤炭开采和洗选业	33	1			
石油和天然气开采业	5		3	2	924917
黑色金属矿采选业	11				
有色金属矿采选业	1				

续表

项目	企业数/个	#有研发机构	#有 R&D 活动	#有新产品销售	新产品销售收入/万元
非金属矿采选业	127	10	23	10	91883
开采辅助活动					
其他采矿业					
制造业	6860	1717	3302	2877	68931220
农副食品加工业	478	87	163	136	861322
食品制造业	198	38	86	76	470463
酒、饮料和精制茶制造业	81	17	29	28	216309
烟草制品业	4	3	3	2	22374
纺织业	64	12	23	13	62133
纺织服装、服饰业	58	7	16	17	102930
皮革、毛皮、羽毛及其制品和制鞋业	56	8	22	18	76394
木材加工和木、竹、藤、棕、草制品业	103	9	35	29	296750
家具制造业	96	11	32	31	206690
造纸和纸制品业	132	21	54	42	986998
印刷和记录媒介复制业	124	32	50	48	474569
文教、工美、体育和娱乐用品制造业	62	12	31	23	163305
石油加工、炼焦和核燃料加工业	18	4	9	6	21980
化学原料和化学制品制造业	236	85	122	115	2868454
医药制造业	156	82	111	98	2700428
化学纤维制造业	7	3	4	5	564160
橡胶和塑料制品业	307	71	144	130	1244035
非金属矿物制品业	757	141	271	214	2537771
黑色金属冶炼和压延加工业	82	14	27	20	2810084
有色金属冶炼和压延加工业	138	44	84	59	2434794
金属制品业	408	95	197	165	1665774
通用设备制造业	420	119	238	205	3397363
专用设备制造业	296	101	188	145	1584953
汽车制造业	1090	285	548	549	19258386
铁路、船舶、航空航天和其他运输设备制造业	463	121	231	209	3137239
电气机械和器材制造业	323	87	184	154	4890509
计算机、通信和其他电子设备制造业	530	154	297	251	14715418
仪器仪表制造业	102	42	76	71	719703
其他制造业	15	7	9	8	290882
废弃资源综合利用业	46	5	15	7	145745
金属制品、机械和设备修理业	10		3	3	3306
电力、热力、燃气及水生产和供应业	273	11	33	3	3767
电力、热力生产和供应业	105	7	22	1	309
燃气生产和供应业	96	3	7	1	2500
水的生产和供应业	72	1	4	1	958

续表

项目	企业数/个	#有研发机构	#有 R&D 活动	#有新产品销售	新产品销售收入/万元
五、按区县分					
渝中区	2		1		
大渡口区	75	18	41	29	785462
江北区	130	28	43	61	9528859
沙坪坝区	235	43	70	66	8034342
九龙坡区	485	172	339	233	3584714
南岸区	180	59	95	86	2077228
北碚区	308	45	121	123	3843318
渝北区	417	136	201	207	7908890
巴南区	289	80	135	106	3419408
涪陵区	283	100	152	133	6551530
长寿区	280	57	130	113	3841027
江津区	536	114	216	211	3320914
合川区	289	40	79	99	745320
永川区	342	23	168	104	1703572
南川区	131	65	62	50	193040
綦江区	279	62	168	114	2005469
潼南区	197	33	82	52	517090
铜梁区	377	97	198	169	1170355
大足区	372	55	181	119	1634166
荣昌区	373	118	167	179	2236231
璧山区	437	147	229	246	3240008
万州区	168	23	59	55	922970
梁平区	120	46	64	64	404068
城口县	12				
丰都县	82	23	32	15	60033
垫江县	143	33	60	58	426535
忠　县	87	13	29	17	186577
开州区	162	26	72	64	1116861
云阳县	123	15	25	32	233156
奉节县	74	27	37	22	32534
巫山县	24	2	14	6	7190
巫溪县	25	5	12	8	4819
黔江区	49	7	20	9	86864
武隆区	41	4	11	8	27404
石柱土家族自治县	51	18	17	21	68995
秀山土家族苗族自治县	75	1	15	6	23080
酉阳土家族苗族自治县	27	2	5	3	4135
彭水苗族土家族自治县	30	2	11	4	5623

2-3 规模以上工业企业 R&D 人员（2021 年）

项目	R&D 人员/人	#女性	R&D 人员折合全时当量/人年	#研究人员
总计	131478	27944	83845	25222
一、按规模分				
大型	44550	9523	27955	10686
中型	41731	9064	27568	7307
小型	44507	9207	27991	7124
微型	690	150	331	105
二、按隶属关系分				
中央属	20242	3906	11280	5456
地方属	11808	2518	8476	2854
其他	99428	21520	64089	16912
三、按登记注册类型分				
内资企业	115874	24385	73096	21680
国有企业	3154	510	1792	799
集体企业	37	12	30	7
股份合作企业	92	26	66	4
联营企业	100	12	59	22
有限责任公司	27808	5869	17433	6052
股份有限公司	15195	3373	8704	3773
私营企业	69488	14583	45012	11023
其他企业				
港澳台商投资企业	6447	1574	4492	1306
合资经营企业（港或澳、台资）	1311	144	845	273
合作经营企业（港或澳、台资）				
港澳台商独资经营企业	4724	1356	3381	988
港澳台商投资股份有限公司	261	63	157	25
其他港澳台投资企业	151	11	109	19
外商投资企业	9157	1985	6257	2237
中外合资经营企业	5229	963	3827	1557
中外合作经营	46	4	29	8
外资企业	3270	896	2072	600
外商投资股份有限公司	612	122	329	72
其他外商投资企业				
四、按行业分				
采矿业	480	87	328	139
煤炭开采和洗选业				
石油和天然气开采业	228	46	171	94
黑色金属矿采选业				
有色金属矿采选业				
非金属矿采选业	252	41	157	44

续表

项目	R&D 人员/人	#女性	R&D 人员折合全时当量/人年	#研究人员
开采辅助活动				
其他采矿业				
制造业	130132	27728	82990	24834
农副食品加工业	2253	611	1355	331
食品制造业	1692	480	974	240
酒、饮料和精制茶制造业	1069	329	538	105
烟草制品业	259	116	108	25
纺织业	352	157	207	49
纺织服装、服饰业	360	193	224	52
皮革、毛皮、羽毛及其制品和制鞋业	394	112	290	40
木材加工和木、竹、藤、棕、草制品业	861	224	548	96
家具制造业	554	109	361	80
造纸和纸制品业	1520	294	1116	198
印刷和记录媒介复制业	1252	331	829	178
文教、工美、体育和娱乐用品制造业	602	204	377	48
石油加工、炼焦和核燃料加工业	182	55	105	28
化学原料和化学制品制造业	4725	1157	2998	914
医药制造业	5924	2540	3701	1423
化学纤维制造业	335	57	215	49
橡胶和塑料制品业	2843	609	1864	423
非金属矿物制品业	6652	1335	4134	832
黑色金属冶炼和压延加工业	2704	466	2021	462
有色金属冶炼和压延加工业	3868	561	1951	473
金属制品业	4932	856	2802	618
通用设备制造业	8091	1423	5537	1604
专用设备制造业	6184	1135	3621	1246
汽车制造业	30800	5547	19146	6873
铁路、船舶、航空航天和其他运输设备制造业	10222	1534	6512	1746
电气机械和器材制造业	6867	1411	4428	1353
计算机、通信和其他电子设备制造业	20046	5062	14003	4122
仪器仪表制造业	2962	557	1990	765
其他制造业	1316	217	843	422
废弃资源综合利用业	297	44	182	36
金属制品、机械和设备修理业	14	2	10	4
电力、热力、燃气及水生产和供应业	866	129	527	250
电力、热力生产和供应业	747	108	451	224
燃气生产和供应业	74	15	38	15
水的生产和供应业	45	6	38	11

续表

项目	R&D 人员/人	#女性	R&D 人员折合全时当量/人年	#研究人员
五、按区县分				
渝中区	324	74	236	135
大渡口区	2493	619	1734	627
江北区	11692	2386	6205	2887
沙坪坝区	6524	1747	4436	1690
九龙坡区	12727	2363	7308	2270
南岸区	4673	1034	3065	1014
北碚区	7397	1647	4866	1417
渝北区	14113	2660	9031	3233
巴南区	6384	1328	4457	1530
涪陵区	5707	1424	3971	1121
长寿区	6333	1708	3945	1137
江津区	7461	1454	4507	1169
合川区	2425	583	1569	294
永川区	5671	1011	3793	809
南川区	1400	266	873	205
綦江区	3962	856	2454	660
潼南区	1666	312	1091	202
铜梁区	5010	956	3547	616
大足区	3524	624	2410	505
荣昌区	3632	992	2269	700
璧山区	8478	1533	5961	1552
万州区	2004	457	1224	376
梁平区	1449	394	968	252
城口县				
丰都县	326	68	259	63
垫江县	1517	280	921	199
忠　县	673	172	321	59
开州区	1496	412	873	166
云阳县	205	43	119	37
奉节县	496	84	274	62
巫山县	138	41	98	12
巫溪县	115	27	75	9
黔江区	391	121	252	49
武隆区	260	99	166	26
石柱土家族自治县	330	58	268	62
秀山土家族苗族自治县	220	50	137	31
酉阳土家族苗族自治县	38	11	32	15
彭水苗族土家族自治县	224	50	128	29

2-4 规模以上工业企业 R&D 经费内部支出（2021 年）

单位：万元

项目	R&D 经费内部支出	#试验发展支出	#日常性支出	#人员劳务费	资产性支出	#仪器和设备	#政府资金	企业资金	境外资金	其他资金
总计	4245267	4133189	4017921	1228334	227346	218981	127631	4110417	4716	2503
一、按规模分										
大型	1839682	1796485	1726731	580529	112951	109902	85319	1751331	1796	1235
中型	1225149	1202952	1167900	343088	57249	54018	27460	1194531	2820	338
小型	1150702	1104069	1094074	294699	56628	54598	14837	1134837	100	928
微型	29735	29683	29217	10018	517	464	15	29717		2
二、按隶属关系分										
中央属	997223	956625	970513	286861	26710	25456	56813	939751		660
地方属	430489	408636	405859	167930	24630	24149	42006	387289	1116	79
其他	2817555	2767928	2641549	773543	176006	169376	28812	2783377	3600	1764
三、按登记注册类型分										
内资企业	3673062	3562604	3464349	1059832	208714	200764	120626	3545935	4716	1785
国有企业	111167	108638	105843	46988	5324	5282	14858	96309		
集体企业	478	478	427	156	51	51		478		
股份合作企业	2154	2154	1917	557	237	237		2154		
联营企业	2663	2663	2663	1096				2663		
有限责任公司	1021615	982643	969209	313442	52406	50660	68409	950840	1116	1251
股份有限公司	540394	510234	520105	204765	20288	19804	16176	524218		
私营企业	1994592	1955795	1864186	492828	130406	124728	21184	1969273	3601	534
其他企业										
港澳台商投资企业	160250	160065	152808	54571	7443	7270	2184	158067		
合资经营企业（港或澳、台资）	42422	42237	40770	14691	1652	1605	1616	40806		
合作经营企业（港或澳、台资）										

续表

项目	R&D经费内部支出	#试验发展支出	#日常性支出	#人员劳务费	资产性支出	#仪器和设备	#政府资金	企业资金	境外资金	其他资金
港澳台商独资经营企业	107939	107939	102191	36084	5748	5622	498	107441		
港澳台商投资股份有限公司	7220	7220	7215	1960	4	4	50	7170		
其他港澳台投资企业	2670	2670	2632	1836	39	39	20	2650		
外商投资企业	411954	410520	400765	113931	11190	10948	4822	406415		718
中外合资经营企业	327069	326964	319383	75591	7686	7614	4635	322435		
中外合作经营	663	663	663	135				663		
外资企业	76836	75507	73689	35599	3147	2977	187	75932		718
外商投资股份有限公司	7386	7386	7030	2607	357	357		7386		
其他外商投资企业										
四、按行业分										
采矿业	53307	49356	53103	5318	204	182	179	53127		
煤炭开采和洗选业										
石油和天然气开采业	46406	43972	46385	3917	21		177	46229		
黑色金属矿采选业										
有色金属矿采选业										
非金属矿采选业	6900	5384	6718	1400	183	182	2	6898		
开采辅助活动										
其他采矿业										
制造业	4144287	4038307	3920983	1216928	223304	215172	126753	4010315	4716	2503
农副食品加工业	73893	72121	71294	12717	2599	2492	452	73401		40
食品制造业	26356	24797	24349	11433	2007	1918	938	25418		
酒、饮料和精制茶制造业	13130	12468	12371	4058	759	606	178	12952		
烟草制品业	8983	8983	8728	6451	255	237		8983		

续表

项目	R&D经费内部支出	#试验发展支出	#日常性支出	#人员劳务费	资产性支出	#仪器和设备	#政府资金	企业资金	境外资金	其他资金
纺织业	4372	2782	4007	1855	365	347	30	4182		161
纺织服装、服饰业	8142	7854	7865	1678	276	276	157	7985		
皮革、毛皮、羽毛及其制品和制鞋业	7526	7526	7316	1803	211	204	44	7482		
木材加工和木、竹、藤、棕、草制品业	20615	18757	18976	3666	1639	1622	76	20540		
家具制造业	14348	14348	14257	2970	91	89	20	14328		
造纸和纸制品业	41883	41883	37914	13072	3969	3914	105	41778		
印刷和记录媒介复制业	41026	38163	39907	9669	1118	1101	567	40459		
文教、工美、体育和娱乐用品制造业	7505	7320	7223	3051	282	272	109	7397		
石油加工、炼焦和核燃料加工业	7823	5876	6044	2573	1779	1759	56	7768		
化学原料和化学制品制造业	141833	137031	131846	42387	9987	9656	1831	139997		5
医药制造业	174598	173310	157028	51689	17570	17311	3127	171472		
化学纤维制造业	27500	27216	23369	5076	4131	4131		27500		
橡胶和塑料制品业	87925	83125	86059	17262	1866	1635	1378	86547		
非金属矿物制品业	113780	109775	107075	42672	6705	6321	1063	112647	44	27
黑色金属冶炼和压延加工业	69715	69663	68976	35522	739	644	3418	66297		
有色金属冶炼和压延加工业	106434	102150	98796	28595	7638	7062	6363	100071		
金属制品业	157811	151877	150677	33190	7134	6858	7421	150388		2
通用设备制造业	242965	238260	229458	69723	13507	13141	3936	238914	42	73
专用设备制造业	206612	206289	201056	52325	5556	5358	5328	201284		
汽车制造业	1179295	1144126	1136036	347133	43259	42307	26533	1152380		382
铁路、船舶、航空航天和其他运输设备制造业	248608	244145	222651	75814	25958	25233	4262	241924	2376	46
电气机械和器材制造业	248511	247849	242552	58178	5958	5445	3870	243382	1180	79
计算机、通信和其他电子设备制造业	709405	688504	659111	219615	50294	47777	38257	669046	1073	1029

续表

项目	R&D 经费内部支出	#试验发展支出	#日常性支出	#人员劳务费	资产性支出	#仪器和设备	#政府资金	企业资金	境外资金	其他资金
仪器仪表制造业	70272	68951	67308	31340	2964	2878	5916	64214		142
其他制造业	70096	69941	66925	28641	3171	3116	11322	58257		517
废弃资源综合利用业	13165	13140	11648	2667	1517	1465		13165		
金属制品、机械和设备修理业	161	81	161	104				161		
电力、热力、燃气及水生产和供应业	47674	45526	43835	6089	3838	3627	700	46974		
电力、热力生产和供应业	44098	42714	40265	5340	3833	3627	700	43398		
燃气生产和供应业	2206	1443	2200	549	6			2206		
水的生产和供应业	1370	1370	1370	199				1370		
五、按区县分										
渝中区	21293	20270	21293	2207				21293		
大渡口区	86258	86022	79321	19218	6937	6836	1254	85004		
江北区	469567	438090	458738	159412	10829	10457	12936	456631		
沙坪坝区	182618	167065	169658	81998	12961	12678	6909	175709		
九龙坡区	296507	293437	284017	90494	12490	11651	10679	283638	1552	639
南岸区	114470	113410	107800	52577	6671	6605	2952	110445	1073	
北碚区	221462	220294	205689	85890	15773	15605	28097	193365		
渝北区	580358	577920	547748	149645	32610	32382	19331	560191		836
巴南区	266580	261961	249603	72905	16977	16349	10387	256193		
涪陵区	274466	265624	262104	57804	12363	12019	2105	272317	44	
长寿区	184428	181547	168248	71784	16181	15646	5603	178502	244	79
江津区	242796	239140	226894	70444	15902	15433	3482	238169	580	566
合川区	44165	43094	43439	15803	727	534	676	43489		
永川区	217985	217384	207049	41907	10936	10762	4336	213650		

续表

项目	R&D 经费内部支出	#试验发展支出	#日常性支出	#人员劳务费	资产性支出	#仪器和设备	#政府资金	企业资金	境外资金	其他资金
南川区	37581	35146	36563	6481	1018	954	444	37137		
綦江区	119427	109078	115023	31265	4404	4260	802	118625		
潼南区	47477	47413	44685	11327	2792	2487		47477		
铜梁区	119150	118045	113007	23182	6143	5854	1041	118108		
大足区	127700	126855	120741	19455	6959	6376	2337	125363		
荣昌区	114206	111491	112092	24121	2114	1878	1126	113080		
璧山区	241014	236420	221850	86085	19164	18542	8692	230830	1180	311
万州区	38913	36000	38769	11737	144	123	218	38648	42	5
梁平区	41791	39402	37825	9018	3966	2765	1339	40452		
城口县										
丰都县	8762	8762	8443	2442	319	318	7	8755		
垫江县	24023	18914	23190	8642	833	820	614	23383		27
忠　县	18378	18378	17851	3738	527	513	137	18241		
开州区	36627	36627	36065	5509	561	370	1800	34827		
云阳县	14717	13491	14370	1454	347	330	60	14657		
奉节县	18133	18133	14099	2804	4034	3867	110	18023		
巫山县	2230	2143	2135	678	95	95		2230		
巫溪县	1215	1215	1033	408	182	182		1215		
黔江区	5286	5286	5204	2055	81	80	20	5266		
武隆区	4247	4247	4242	1292	6		6	4241		
石柱土家族自治县	6035	5969	5496	1727	540	510	131	5864		40
秀山土家族苗族自治县	8460	8460	6764	1471	1697	1657		8460		
酉阳土家族苗族自治县	1562	1562	1517	376	45	45		1562		
彭水苗族土家族自治县	5378	4894	5357	980	21			5378		

2-5 规模以上工业企业 R&D 经费外部支出（2021 年）

单位：万元

项目	R&D 经费外部支出	#对境内研究机构支出	对境内高校支出	对境内企业支出	对境外支出
总计	194336	33869	11677	127950	20840
一、按规模分					
大型	110608	14774	7797	70401	17637
中型	53240	6125	952	45105	1059
小型	30022	12970	2928	11979	2145
微型	466			466	
二、按隶属关系分					
中央属	69095	14022	7793	45306	1973
地方属	11698	840	1820	6918	2120
其他	113543	19007	2064	75726	16747
三、按登记注册类型分					
内资企业	170045	31484	11283	113557	13721
国有企业	18046	3279	4384	10382	1
集体企业	10	10			
股份合作企业					
联营企业					
有限责任公司	34011	5415	4077	22496	2024
股份有限公司	72801	8758	1745	52906	9391
私营企业	45178	14022	1077	27774	2306
其他企业					
港澳台商投资企业	2207	1490	8	245	464
合资经营企业（港或澳、台资）	73	32	8	27	6
合作经营企业（港或澳、台资）					
港澳台商独资经营企业	1916	1458			458
港澳台商投资股份有限公司					
其他港澳台投资企业	218			218	
外商投资企业	22084	896	386	14148	6655
中外合资经营企业	18720	896	386	11742	5697
中外合作经营					
外资企业	3364			2406	958
外商投资股份有限公司					
其他外商投资企业					
四、按行业分					
采矿业	1009	545	447	16	
煤炭开采和洗选业					
石油和天然气开采业	992	545	447		
黑色金属矿采选业					
有色金属矿采选业					

续表

项目	R&D 经费外部支出	#对境内研究机构支出	对境内高校支出	对境内企业支出	对境外支出
非金属矿采选业	16			16	
开采辅助活动					
其他采矿业					
制造业	186590	32602	10728	122419	20840
农副食品加工业	1908	1796	69	44	
食品制造业	1974	28	279	1667	
酒、饮料和精制茶制造业	360		230	130	
烟草制品业	783	783			
纺织业	16		15	1	
纺织服装、服饰业					
皮革、毛皮、羽毛及其制品和制鞋业	285			285	
木材加工和木、竹、藤、棕、草制品业	13			13	
家具制造业	20			20	
造纸和纸制品业	72	17		55	
印刷和记录媒介复制业	333		156	177	
文教、工美、体育和娱乐用品制造业					
石油加工、炼焦和核燃料加工业	539	165	96	256	22
化学原料和化学制品制造业	4137	887	152	3098	
医药制造业	39727	4075	102	34894	657
化学纤维制造业	5			5	
橡胶和塑料制品业	7651	6903	189	554	6
非金属矿物制品业	3225	1024	33	2168	
黑色金属冶炼和压延加工业	161		161		
有色金属冶炼和压延加工业	3011	551	12	2448	1
金属制品业	735	591	57	87	
通用设备制造业	11075	465	236	4595	5779
专用设备制造业	2576	138	690	1748	
汽车制造业	62653	9192	3423	47977	2060
铁路、船舶、航空航天和其他运输设备制造业	5904	1235	287	2548	1836
电气机械和器材制造业	10127	786	129	2446	6765
计算机、通信和其他电子设备制造业	11136	797	1242	5384	3713
仪器仪表制造业	3656	51	77	3528	
其他制造业	14322	2982	3046	8294	
废弃资源综合利用业	49		49		
金属制品、机械和设备修理业	137	137			
电力、热力、燃气及水生产和供应业	6738	721	502	5515	
电力、热力生产和供应业	6738	721	502	5515	
燃气生产和供应业					
水的生产和供应业					

续表

项目	R&D 经费外部支出	#对境内研究机构支出	对境内高校支出	对境内企业支出	对境外支出
五、按区县分					
渝中区	4114		420	3694	
大渡口区	2864	206	109	2527	22
江北区	46919	6890	1263	36771	1995
沙坪坝区	19495	1240	1196	2757	14303
九龙坡区	18322	1295	941	14447	1639
南岸区	8997	1589	111	7144	153
北碚区	2782	65	176	2541	
渝北区	27287	7092	3548	16636	11
巴南区	326	6	69	251	
涪陵区	7223	4057	713	2454	
长寿区	18064	149	272	16980	663
江津区	4329	871	861	1009	1588
合川区	3363	101	17	3244	
永川区	1560	141	195	1224	
南川区	93	1	11	82	
綦江区	5293	608	120	4565	
潼南区	21			21	
铜梁区	186		40	146	
大足区	782	35	77	568	103
荣昌区	3077	124	12	2941	
璧山区	9709	2345	1435	5566	363
万州区	326	109	13	204	
梁平区	22		22		
城口县					
丰都县					
垫江县	930	53	42	834	
忠　县	689	16		673	
开州区					
云阳县	6738	6738			
奉节县	172	15	9	149	
巫山县	24	1	1	22	
巫溪县					
黔江区	89	5	8	77	
武隆区	66			66	
石柱土家族自治县	467	107		360	
秀山土家族苗族自治县					
酉阳土家族苗族自治县	9	9			
彭水苗族土家族自治县					

2-6 规模以上工业企业办研发机构情况（2021 年）

项目	机构数/个	机构人员/人	#博士和硕士	机构经费支出/万元	仪器和设备原价/万元
总计	1928	74738	9099	3197207	5468298
一、按规模分					
大型	165	27438	4852	1536566	946673
中型	470	24228	2114	914794	904825
小型	1276	22573	1961	719356	3615064
微型	17	499	172	26492	1736
二、按隶属关系分					
中央属	112	14620	3745	1006620	578483
地方属	127	7513	1468	360994	209295
其他	1689	52605	3886	1829593	4680520
三、按登记注册类型分					
内资企业	1834	66999	8492	2770483	5221153
国有企业	33	2572	574	115618	109695
集体企业	2	25	5	454	275
股份合作企业	5	132	1	3570	2606
联营企业	1	43	5	2537	235
有限责任公司	313	17101	3109	794145	3644022
股份有限公司	85	11220	2529	657680	464068
私营企业	1395	35906	2269	1196479	1000252
其他企业					
港澳台商投资企业	32	2012	93	71787	66217
合资经营企业（港或澳、台资）	12	487	51	15951	6519
合作经营企业（港或澳、台资）					
港澳台商独资经营企业	18	1361	39	50013	58423
港澳台商投资股份有限公司	2	164	3	5824	1275
其他港澳台投资企业					
外商投资企业	62	5727	514	354936	180929
中外合资经营企业	36	3252	472	278194	93988
中外合作经营					
外资企业	24	2068	32	68251	49495
外商投资股份有限公司	2	407	10	8491	37446
其他外商投资企业					
四、按行业分					
采矿业	11	92	9	1386	1986
煤炭开采和洗选业	1	8	1	38	76
石油和天然气开采业					
黑色金属矿采选业					
有色金属矿采选业					

续表

项目	机构数/个	机构人员/人		机构经费支出/万元	仪器和设备原价/万元
			#博士和硕士		
非金属矿采选业	10	84	8	1348	1910
开采辅助活动					
其他采矿业					
制造业	1906	74409	9058	3188204	5462617
农副食品加工业	90	1099	110	35488	20967
食品制造业	42	1048	101	27500	28045
酒、饮料和精制茶制造业	17	744	27	19470	47268
烟草制品业	3	142	38	10900	10185
纺织业	13	186	6	4935	1452
纺织服装、服饰业	7	188	4	3945	9694
皮革、毛皮、羽毛及其制品和制鞋业	8	91	1	1366	755
木材加工和木、竹、藤、棕、草制品业	11	193	19	5331	5045
家具制造业	11	291	7	5163	2735
造纸和纸制品业	21	740	21	40534	8502
印刷和记录媒介复制业	34	732	45	21030	15066
文教、工美、体育和娱乐用品制造业	13	381	15	5581	4125
石油加工、炼焦和核燃料加工业	4	55	25	5009	8441
化学原料和化学制品制造业	97	2928	247	133949	219028
医药制造业	95	4636	1070	179120	120224
化学纤维制造业	3	306	10	23774	15787
橡胶和塑料制品业	74	1236	63	44744	3092630
非金属矿物制品业	146	2899	207	94912	102264
黑色金属冶炼和压延加工业	15	774	33	43639	16952
有色金属冶炼和压延加工业	53	1506	213	94885	56140
金属制品业	99	2070	204	77097	52697
通用设备制造业	143	4771	484	157298	204772
专用设备制造业	117	3439	704	104989	84975
汽车制造业	312	21228	2640	1114183	747063
铁路、船舶、航空航天和其他运输设备制造业	131	5214	381	155923	252525
电气机械和器材制造业	90	3838	447	189525	59607
计算机、通信和其他电子设备制造业	182	10208	1230	447596	196074
仪器仪表制造业	53	2246	359	61850	48006
其他制造业	17	1127	337	74558	30264
废弃资源综合利用业	5	93	10	3912	1331
金属制品、机械和设备修理业					
电力、热力、燃气及水生产和供应业	11	237	32	7616	3695
电力、热力生产和供应业	7	129	6	7065	3409
燃气生产和供应业	3	103	26	457	236
水的生产和供应业	1	5		95	50

续表

项目	机构数/个	机构人员/人		机构经费支出/万元	仪器和设备原价/万元
			#博士和硕士		
五、按区县分					
渝中区					
大渡口区	27	993	196	35914	39031
江北区	50	8225	1616	521273	207183
沙坪坝区	56	3594	587	154101	87950
九龙坡区	186	6179	808	190020	149002
南岸区	74	3006	398	95995	93067
北碚区	55	3499	772	153850	83166
渝北区	153	10271	1535	579106	371201
巴南区	89	3656	218	136599	190413
涪陵区	106	4481	256	237555	3304094
长寿区	65	2553	472	97941	86965
江津区	129	4909	417	216569	197821
合川区	43	1225	82	31576	32018
永川区	25	1132	86	42914	34733
南川区	67	1061	40	38145	18817
綦江区	67	1612	172	52179	27252
潼南区	36	605	30	18777	9894
铜梁区	102	2677	73	94140	61285
大足区	55	1535	47	83975	63315
荣昌区	127	2580	319	99698	44142
璧山区	153	5780	589	205819	200923
万州区	29	1104	113	20703	30481
梁平区	49	1155	44	28926	70301
城口县					
丰都县	23	236	4	4833	7006
垫江县	34	864	52	16438	12131
忠　县	15	248	17	6024	9001
开州区	28	517	55	11419	13109
云阳县	16	122	21	2686	10114
奉节县	27	229	45	4568	2944
巫山县	2	21		212	191
巫溪县	5	40	1	717	654
黔江区	7	117	7	3070	3873
武隆区	4	62	3	1034	158
石柱土家族自治县	19	355	15	7547	5109
秀山土家族苗族自治县	1	43	2	539	383
酉阳土家族苗族自治县	2	21	7	603	279
彭水苗族土家族自治县	2	31		1747	295

2-7 规模以上工业企业新产品开发和销售（2021 年）

项目	新产品开发项目数/项	新产品开发经费支出/万元	新产品销售收入/万元	#出口
总计	19752	4904174	69951788	14289567
一、按规模分				
大型	3911	2015985	38436516	11932413
中型	5918	1472886	17052680	1477861
小型	9822	1383603	14397120	874427
微型	101	31701	65472	4867
二、按隶属关系分				
中央属	2039	940247	13903994	463058
地方属	2243	550726	9989732	2088535
其他	15470	3413201	46058062	11737974
三、按登记注册类型分				
内资企业	18189	4217936	55993323	6094539
国有企业	663	112773	1108449	796
集体企业	2	629	5402	
股份合作企业	17	4623	29387	
联营企业	13	4287	77079	
有限责任公司	4536	1142009	16391601	2410633
股份有限公司	1259	559178	12538451	862665
私营企业	11699	2394437	25842954	2820445
其他企业				
港澳台商投资企业	433	232630	2315915	631758
合资经营企业（港或澳、台资）	214	63931	718388	183126
合作经营企业（港或澳、台资）				
港澳台商独资经营企业	185	156330	1272621	437955
港澳台商投资股份有限公司	24	7207	216480	10678
其他港澳台投资企业	10	5162	108426	
外商投资企业	1130	453609	11642550	7563269
中外合资经营企业	680	353735	3942022	234309
中外合作经营	17	1520	9668	537
外资企业	330	85680	7674575	7328424
外商投资股份有限公司	103	12674	16286	
其他外商投资企业				
四、按行业分				
采矿业	66	39287	1016801	
煤炭开采和洗选业				
石油和天然气开采业	44	35229	924917	
黑色金属矿采选业				
有色金属矿采选业				

续表

项目	新产品开发项目数/项	新产品开发经费支出/万元	新产品销售收入/万元	#出口
非金属矿采选业	22	4058	91883	
开采辅助活动				
其他采矿业				
制造业	19532	4827680	68931220	14289567
农副食品加工业	369	71410	861322	11150
食品制造业	298	46994	470463	28993
酒、饮料和精制茶制造业	99	23010	216309	270
烟草制品业	27	9066	22374	
纺织业	39	6364	62133	2039
纺织服装、服饰业	30	10429	102930	2853
皮革、毛皮、羽毛及其制品和制鞋业	55	7385	76394	5041
木材加工和木、竹、藤、棕、草制品业	112	21158	296750	87
家具制造业	115	15938	206690	35
造纸和纸制品业	182	80118	986998	17651
印刷和记录媒介复制业	200	35635	474569	26126
文教、工美、体育和娱乐用品制造业	88	15139	163305	40607
石油加工、炼焦和核燃料加工业	38	5203	21980	
化学原料和化学制品制造业	625	178859	2868454	137743
医药制造业	1172	193466	2700428	299453
化学纤维制造业	24	26446	564160	44003
橡胶和塑料制品业	514	88078	1244035	11448
非金属矿物制品业	861	188955	2537771	52200
黑色金属冶炼和压延加工业	307	227274	2810084	
有色金属冶炼和压延加工业	458	212870	2434794	3873
金属制品业	899	145408	1665774	151711
通用设备制造业	1483	250627	3397363	595084
专用设备制造业	1444	218334	1584953	109695
汽车制造业	4044	1242919	19258386	549620
铁路、船舶、航空航天和其他运输设备制造业	1609	267676	3137239	899519
电气机械和器材制造业	1043	272740	4890509	177684
计算机、通信和其他电子设备制造业	2397	801604	14715418	11102255
仪器仪表制造业	699	81721	719703	14066
其他制造业	255	70448	290882	6344
废弃资源综合利用业	44	12328	145745	
金属制品、机械和设备修理业	2	81	3306	19
电力、热力、燃气及水生产和供应业	154	37208	3767	
电力、热力生产和供应业	135	34988	309	
燃气生产和供应业	12	1118	2500	
水的生产和供应业	7	1101	958	

续表

项目	新产品开发项目数/项	新产品开发经费支出/万元	新产品销售收入/万元	#出口
五、按区县分				
渝中区	47	21030		
大渡口区	542	98112	785462	38771
江北区	701	426684	9528859	600150
沙坪坝区	733	166793	8034342	6944390
九龙坡区	1551	287870	3584714	898759
南岸区	1012	122805	2077228	44859
北碚区	1668	265687	3843318	1948258
渝北区	2702	714133	7908890	862171
巴南区	902	280010	3419408	1116523
涪陵区	825	363197	6551530	131969
长寿区	817	290219	3841027	497312
江津区	1350	292008	3320914	86222
合川区	520	85489	745320	154553
永川区	784	284720	1703572	160593
南川区	206	36535	193040	223
綦江区	441	110450	2005469	31160
潼南区	371	70434	517090	5659
铜梁区	716	160885	1170355	112543
大足区	577	150374	1634166	45483
荣昌区	523	139206	2236231	115150
璧山区	1441	253487	3240008	429952
万州区	291	50758	922970	3996
梁平区	183	60992	404068	18010
城口县				
丰都县	45	14708	60033	5505
垫江县	157	24304	426535	1509
忠　县	71	20302	186577	8259
开州区	222	40653	1116861	4354
云阳县	53	22478	233156	6352
奉节县	41	9930	32534	
巫山县	8	1485	7190	2872
巫溪县	17	1439	4819	
黔江区	87	7215	86864	1000
武隆区	35	4225	27404	6254
石柱土家族自治县	38	8791	68995	629
秀山土家族苗族自治县	58	12382	23080	6129
酉阳土家族苗族自治县	9	902	4135	
彭水苗族土家族自治县	8	3486	5623	

2-8 规模以上工业企业专利（2021 年）

项目	专利申请数/件	#发明专利	有效发明专利数/件	形成国家或行业标准/项
总计	22240	7362	24388	420
一、按规模分				
大型	6818	3437	8008	117
中型	5318	1536	5850	175
小型	9982	2329	10401	128
微型	122	60	129	
二、按隶属关系分				
中央属	4466	2571	5020	153
地方属	2113	686	1804	50
其他	15661	4105	17564	217
三、按登记注册类型分				
内资企业	20846	6991	22849	392
国有企业	712	415	635	17
集体企业				
股份合作企业			1	
联营企业	8	1	35	
有限责任公司	5083	2002	6641	144
股份有限公司	3039	1446	3424	74
私营企业	12004	3127	12113	157
其他企业				
港澳台商投资企业	485	111	503	10
合资经营企业（港或澳、台资）	319	85	292	
合作经营企业（港或澳、台资）				
港澳台商独资经营企业	118	23	126	10
港澳台商投资股份有限公司	48	3	39	
其他港澳台投资企业			46	
外商投资企业	909	260	1036	18
中外合资经营企业	643	192	482	16
中外合作经营	9	3	36	
外资企业	199	51	356	2
外商投资股份有限公司	58	14	162	
其他外商投资企业				
四、按行业分				
采矿业	50	17	22	
煤炭开采和洗选业				
石油和天然气开采业	31	10	16	
黑色金属矿采选业				
有色金属矿采选业				

续表

项目	专利申请数/件	#发明专利	有效发明专利数/件	形成国家或行业标准/项
非金属矿采选业	19	7	6	
开采辅助活动				
其他采矿业				
制造业	21718	7146	23665	417
农副食品加工业	481	122	460	5
食品制造业	209	73	249	4
酒、饮料和精制茶制造业	78	34	66	
烟草制品业	236	113	81	
纺织业	41	6	27	
纺织服装、服饰业	46	1	47	
皮革、毛皮、羽毛及其制品和制鞋业	24	4	37	1
木材加工和木、竹、藤、棕、草制品业	137	49	198	1
家具制造业	233	31	119	2
造纸和纸制品业	216	47	187	1
印刷和记录媒介复制业	270	48	347	
文教、工美、体育和娱乐用品制造业	61	9	63	3
石油加工、炼焦和核燃料加工业	30	22	78	2
化学原料和化学制品制造业	626	251	837	25
医药制造业	485	238	1143	44
化学纤维制造业	8	4	13	3
橡胶和塑料制品业	528	128	631	18
非金属矿物制品业	1027	278	1057	12
黑色金属冶炼和压延加工业	374	132	194	
有色金属冶炼和压延加工业	462	146	856	15
金属制品业	817	211	707	10
通用设备制造业	1655	336	1519	32
专用设备制造业	1768	573	2073	39
汽车制造业	5438	1956	5462	56
铁路、船舶、航空航天和其他运输设备制造业	1606	365	1319	6
电气机械和器材制造业	1399	523	1267	33
计算机、通信和其他电子设备制造业	2263	930	3473	47
仪器仪表制造业	831	257	828	52
其他制造业	317	248	275	6
废弃资源综合利用业	38	8	13	
金属制品、机械和设备修理业	14	3	39	
电力、热力、燃气及水生产和供应业	472	199	701	3
电力、热力生产和供应业	422	198	690	3
燃气生产和供应业	39		9	
水的生产和供应业	11	1	2	

续表

项目	专利申请数/件	#发明专利	有效发明专利数/件	形成国家或行业标准/项
五、按区县分				
渝中区	330	178	651	
大渡口区	572	218	584	13
江北区	2690	1515	2486	42
沙坪坝区	553	239	873	65
九龙坡区	2135	635	2769	40
南岸区	989	336	1049	21
北碚区	1086	335	1859	42
渝北区	2484	786	3059	72
巴南区	1406	388	1728	17
涪陵区	516	131	660	6
长寿区	939	387	1333	13
江津区	1480	291	1259	12
合川区	564	177	595	5
永川区	640	164	679	
南川区	219	60	230	5
綦江区	448	81	447	12
潼南区	186	60	228	
铜梁区	761	148	708	3
大足区	476	103	420	9
荣昌区	297	97	251	3
璧山区	1559	523	1144	10
万州区	395	113	296	9
梁平区	339	117	138	
城口县				
丰都县	48	9	64	
垫江县	176	43	126	
忠　县	99	15	101	3
开州区	376	84	203	3
云阳县	70	24	79	9
奉节县	90	43	151	
巫山县	18	18	24	1
巫溪县	19	3	13	
黔江区	82	12	71	
武隆区	51	1	19	
石柱土家族自治县	73	15	45	5
秀山土家族苗族自治县	14		3	
酉阳土家族苗族自治县	49	10	42	
彭水苗族土家族自治县	11	3	1	

2-9 规模以上工业企业技术获取和技术改造（2021 年）

单位：万元

项目	引进境外技术经费支出	引进境外技术的消化吸收经费支出	购买境内技术经费支出	技术改造经费支出
总计	223761	6064	22645	635349
一、按规模分				
大型	211309	1852	4165	434314
中型	3467	4197	15015	115890
小型	8926	15	2486	84941
微型	59		978	204
二、按隶属关系分				
中央属	198606		185	86513
地方属	815	6049	2189	328127
其他	24340	15	20271	220709
三、按登记注册类型分				
内资企业	11976	4201	18037	551870
国有企业			52	1950
集体企业				6
股份合作企业				
联营企业				1286
有限责任公司	1986	4197	12437	112016
股份有限公司	9756		4320	280569
私营企业	233	4	1228	156043
其他企业				
港澳台商投资企业			912	8346
合资经营企业（港或澳、台资）			912	1447
合作经营企业（港或澳、台资）				
港澳台商独资经营企业				6863
港澳台商投资股份有限公司				36
其他港澳台投资企业				
外商投资企业	211785	1863	3696	75133
中外合资经营企业	211785	1852		73824
中外合作经营				
外资企业		11	3696	1309
外商投资股份有限公司				
其他外商投资企业				
四、按行业分				
采矿业			434	14953
煤炭开采和洗选业				
石油和天然气开采业				
黑色金属矿采选业				
有色金属矿采选业				

续表

项目	引进境外技术经费支出	引进境外技术的消化吸收经费支出	购买境内技术经费支出	技术改造经费支出
非金属矿采选业			434	14953
开采辅助活动				
其他采矿业				
制造业	223761	6064	21822	617212
农副食品加工业			6	2649
食品制造业				3050
酒、饮料和精制茶制造业				17
烟草制品业				
纺织业				45
纺织服装、服饰业				42
皮革、毛皮、羽毛及其制品和制鞋业				3
木材加工和木、竹、藤、棕、草制品业			1255	4937
家具制造业				1811
造纸和纸制品业				3068
印刷和记录媒介复制业			2	1716
文教、工美、体育和娱乐用品制造业				102
石油加工、炼焦和核燃料加工业			63	
化学原料和化学制品制造业	891		4395	48255
医药制造业	1034		8646	14869
化学纤维制造业				5804
橡胶和塑料制品业	5	4	49	10766
非金属矿物制品业	146		121	15964
黑色金属冶炼和压延加工业				243927
有色金属冶炼和压延加工业			910	5999
金属制品业			77	3488
通用设备制造业	4410		227	23442
专用设备制造业		4197		4329
汽车制造业	207436	1863	1627	120741
铁路、船舶、航空航天和其他运输设备制造业			41	36501
电气机械和器材制造业	9756		207	20655
计算机、通信和其他电子设备制造业	83		3887	27736
仪器仪表制造业			309	5622
其他制造业				10994
废弃资源综合利用业				681
金属制品、机械和设备修理业				
电力、热力、燃气及水生产和供应业			389	3184
电力、热力生产和供应业			389	2651
燃气生产和供应业				
水的生产和供应业				532

续表

项目	引进境外技术经费支出	引进境外技术的消化吸收经费支出	购买境内技术经费支出	技术改造经费支出
五、按区县分				
渝中区				
大渡口区		4197	34	7264
江北区			81	13468
沙坪坝区	11889		1148	18657
九龙坡区	8620	1852	71	19508
南岸区			18	28560
北碚区			366	8959
渝北区	199771	11	7476	91838
巴南区	79		30	36090
涪陵区			4479	17738
长寿区	76		1345	261888
江津区	2278		828	9328
合川区			1453	4281
永川区			915	3754
南川区			2	2187
綦江区			63	17894
潼南区				1586
铜梁区	146		17	2993
大足区			2786	1855
荣昌区			5	3506
璧山区	5	4	15	9053
万州区	815		1351	45352
梁平区	83		10	202
城口县				
丰都县			10	240
垫江县			15	357
忠　县				3238
开州区				8519
云阳县				13286
奉节县			2	458
巫山县				
巫溪县				40
黔江区			126	1152
武隆区				
石柱土家族自治县				2069
秀山土家族苗族自治县				
酉阳土家族苗族自治县				32
彭水苗族土家族自治县				

三、建筑业、服务业企业

说明：建筑业企业数据调查范围为特、一级总承包，专业承包建筑业法人单位。服务业企业数据调查范围为大中型交通运输、仓储和邮政业，信息传输、软件和信息技术服务业，租赁和商务服务业，科学研究和技术服务业，水利、环境和公共设施管理业，卫生和社会工作，文化、体育和娱乐业等法人单位。

3-1 建筑业、服务业企业基本情况（2021 年）

单位：个

项目	单位数	有研发机构单位数	有 R&D 活动单位数
总计	3908	215	404
一、按规模分			
大型	213	48	80
中型	762	84	139
小型	2150	73	159
微型	783	10	26
二、按隶属关系分			
中央	145	22	47
地方	237	14	29
其他	3526	179	328
三、按登记注册类型分			
内资企业	3815	209	395
国有企业	103	6	22
集体企业	6		
股份合作企业	2		
联营企业	2		
有限责任公司	1007	73	147
股份有限公司	109	12	15
私营企业	2586	118	211
其他企业			
港、澳、台商投资企业	47	2	3
合资经营企业（港或澳、台资）	7	1	2
合作经营企业（港或澳、台资）	1		
港、澳、台商独资经营企业	35	1	1
港、澳、台商投资股份有限公司	4		
其他港澳台投资企业			
外商投资企业	46	4	6
中外合资经营企业	16	1	2
中外合作经营企业			
外资企业	24	2	2
外商投资股份有限公司	3	1	1
其他外商投资企业	3		1
四、按行业分			
建筑业	465	45	58
房屋建筑业	223	20	25
土木工程建筑业	66	18	19
建筑安装业	73	4	6

续表

项目	单位数	有研发机构单位数	有 R&D 活动单位数
建筑装饰、装修和其他建筑业	103	3	8
交通运输、仓储和邮政业	757	3	5
铁路运输业	1		
道路运输业	452	3	5
水上运输业	105		
航空运输业	12		
管道运输业	1		
多式联运和运输代理业	81		
装卸搬运和仓储业	55		
邮政业	50		
信息传输、软件和信息技术服务业	517	75	126
电信、广播电视和卫星传输服务	106	2	2
互联网和相关服务	78	11	18
软件和信息技术服务业	333	62	106
租赁和商务服务业	871	7	20
租赁业	72		2
商务服务业	799	7	18
科学研究和技术服务业	455	65	148
研究和试验发展	32	7	24
专业技术服务业	371	43	105
科技推广和应用服务业	52	15	19
水利、环境和公共设施管理业	183	7	15
水利管理业	3		
生态保护和环境治理业	36	2	8
公共设施管理业	95	4	5
土地管理业	49	1	2
卫生和社会工作	271	8	22
卫生	250	8	21
社会工作	21		1
文化、体育和娱乐业	389	5	10
新闻和出版业	19		1
广播、电视、电影和录音制作业	91		2
文化艺术业	102	3	3
体育	31		
娱乐业	146	2	4
五、按区县分			
渝中区	461	12	32

续表

项目	单位数	有研发机构单位数	有 R&D 活动单位数
大渡口区	69	4	16
江北区	274	12	19
沙坪坝区	157	6	17
九龙坡区	326	25	65
南岸区	190	32	44
北碚区	111	11	22
渝北区	577	61	89
巴南区	108	8	16
涪陵区	163	1	3
长寿区	75	3	4
江津区	129	2	2
合川区	48		1
永川区	74	4	9
南川区	43	6	9
綦江区	73	2	12
潼南区	65	1	3
铜梁区	61	3	6
大足区	54	1	8
荣昌区	52		
璧山区	108	3	6
万州区	104	4	4
梁平区	40	2	
城口县	5		
丰都县	23		
垫江县	37	3	3
忠　县	49		
开州区	79		
云阳县	52		
奉节县	86	9	10
巫山县	19		3
巫溪县	6		
黔江区	35		1
武隆区	52		
石柱土家族自治县	24		
秀山土家族苗族自治县	40		
酉阳土家族苗族自治县	22		
彭水苗族土家族自治县	17		

3-2 建筑业、服务业企业 R&D 人员（2021 年）

项目	R&D 人员/人	#女性	R&D 人员折合全时当量/人年	#研究人员
总计	13736	2739	8877	4243
一、按规模分				
大型	7747	1355	5030	2558
中型	3763	810	2448	1076
小型	1868	432	1177	539
微型	358	142	222	70
二、按隶属关系分				
中央	3954	579	2222	1173
地方	933	226	617	290
其他	8849	1934	6038	2780
三、按登记注册类型分				
内资企业	13201	2596	8516	4051
国有企业	1460	312	769	424
集体企业				
股份合作企业				
联营企业				
有限责任公司	6653	1052	4519	2228
股份有限公司	691	116	366	169
私营企业	4397	1116	2862	1231
其他企业				
港、澳、台商投资企业	102	28	94	45
合资经营企业（港或澳、台资）	94	27	89	43
合作经营企业（港或澳、台资）				
港、澳、台商独资经营企业	8	1	5	2
港、澳、台商投资股份有限公司				
其他港澳台投资企业				
外商投资企业	433	115	267	147
中外合资经营企业	364	91	214	121
中外合作经营企业				
外资企业	48	14	33	17
外商投资股份有限公司	12	7	15	6
其他外商投资企业	9	3	4	2
四、按行业分				
建筑业	2482	260	1557	697
房屋建筑业	1048	128	607	229
土木工程建筑业	1132	82	735	389
建筑安装业	171	23	114	41

续表

项目	R&D 人员/人	#女性	R&D 人员折合全时当量/人年	#研究人员
建筑装饰、装修和其他建筑业	131	27	102	38
交通运输、仓储和邮政业	179	40	105	49
铁路运输业				
道路运输业	179	40	105	49
水上运输业				
航空运输业				
管道运输业				
多式联运和运输代理业				
装卸搬运和仓储业				
邮政业				
信息传输、软件和信息技术服务业	4609	954	2851	1342
电信、广播电视和卫星传输服务	257	39	52	30
互联网和相关服务	358	86	238	108
软件和信息技术服务业	3994	829	2562	1205
租赁和商务服务业	269	63	158	84
租赁业	84	21	70	40
商务服务业	185	42	88	44
科学研究和技术服务业	5649	1228	3853	1948
研究和试验发展	470	205	284	144
专业技术服务业	3820	833	2398	1206
科技推广和应用服务业	1359	190	1172	598
水利、环境和公共设施管理业	239	53	153	69
水利管理业				
生态保护和环境治理业	107	23	71	28
公共设施管理业	101	25	61	31
土地管理业	31	5	21	10
卫生和社会工作	267	127	169	42
卫生	262	124	163	42
社会工作	5	3	5	
文化、体育和娱乐业	42	14	31	12
新闻和出版业	2	1	1	0
广播、电视、电影和录音制作业	5		2	1
文化艺术业	10	2	7	3
体育				
娱乐业	25	11	21	7
五、按区县分				
渝中区	1099	268	584	279

续表

项目	R&D 人员/人	#女性	R&D 人员折合全时当量/人年	#研究人员
大渡口区	819	77	502	224
江北区	256	46	130	61
沙坪坝区	771	92	509	273
九龙坡区	1924	408	1275	587
南岸区	1391	210	876	423
北碚区	560	126	446	236
渝北区	5103	1078	3400	1725
巴南区	394	83	313	91
涪陵区	24	5	20	10
长寿区	130	10	83	18
江津区	61	8	52	27
合川区	6		1	
永川区	197	86	88	47
南川区	212	86	132	34
綦江区	254	48	169	72
潼南区	36	15	9	3
铜梁区	24	10	17	7
大足区	123	22	91	45
荣昌区				
璧山区	154	28	86	39
万州区	49	9	5	2
梁平区				
城口县				
丰都县				
垫江县	40	3	28	12
忠　县				
开州区				
云阳县				
奉节县	70	11	31	13
巫山县	35	9	28	13
巫溪县				
黔江区	4	1	3	1
武隆区				
石柱土家族自治县				
秀山土家族苗族自治县				
酉阳土家族苗族自治县				
彭水苗族土家族自治县				

3-3 建筑业、服务业企业 R&D 经费内部支出（2021 年）

单位：万元

项目	R&D 经费内部支出合计	#试验发展支出	#经常费支出	#人员劳务费	#资产性支出	#仪器和设备	#政府资金	#企业资金	#境外资金	#其他资金
总计	452089	421709	423253	219531	28836	28341	28320	422575		1195
一、按规模分										
大型	293486	272635	276764	136230	16722	16505	9846	283442		199
中型	93873	89854	88443	53942	5431	5206	13656	79549		668
小型	57592	52629	51079	24233	6513	6460	4779	52485		328
微型	7139	6591	6968	5126	170	170	39	7100		
二、按隶属关系分										
中央	138295	125327	136884	77235	1411	1270	14364	123732		199
地方	28130	23145	27781	16939	349	345	384	27747		
其他	285664	273237	258588	125357	27076	26726	13572	271096		996
三、按登记注册类型分										
内资企业	442984	416237	414178	212802	28806	28341	28275	413514		1195
国有企业	77835	76663	76895	41363	940	861	6939	70896		
集体企业										
股份合作企业										
联营企业										
有限责任公司	249872	234492	228632	109772	21239	20964	14963	234710		199
股份有限公司	19346	14317	19292	10788	54	13	2407	16939		
私营企业	95931	90765	89359	50879	6572	6504	3967	90969		996
其他企业										
港、澳、台商投资企业	2301	2301	2271	1791	30			2301		
合资经营企业（港或澳、台资）	2155	2155	2125	1653	30			2155		

续表

项目	R&D经费内部支出合计	#试验发展支出	#经常费支出	#人员劳务费	#资产性支出	#仪器和设备	#政府资金	#企业资金	#境外资金	#其他资金
合作经营企业（港或澳、台资）										
港、澳、台商独资经营企业	146	146	146	138				146		
港、澳、台商投资股份有限公司										
其他港澳台投资企业										
外商投资企业	6805	3171	6804	4938	1		45	6760		
中外合资经营企业	4118	849	4118	3755			25	4093		
中外合作经营企业										
外资企业	2218	2218	2217	803	1		20	2198		
外商投资股份有限公司	43	4	43	41				43		
其他外商投资企业	427	101	427	339				427		
四、按行业分										
建筑业	58535	51368	58455	27604	80	66	152	58383		
房屋建筑业	33254	29507	33203	14212	51	50	86	33168		
土木工程建筑业	19646	16226	19633	10066	13		65	19581		
建筑安装业	3578	3578	3563	2033	16	16		3578		
建筑装饰、装修和其他建筑业	2056	2056	2056	1293				2056		
交通运输、仓储和邮政业	3364	3364	3332	1727	31		1028	2335		
铁路运输业										
道路运输业	3364	3364	3332	1727	31		1028	2335		
水上运输业										
航空运输业										
管道运输业										

续表

项目	R&D经费内部支出合计	#试验发展支出	#经常费支出	#人员劳务费	#资产性支出	#仪器和设备	#政府资金	#企业资金	#境外资金	#其他资金
多式联运和运输代理业										
装卸搬运和仓储业										
邮政业										
信息传输、软件和信息技术服务业	162259	158873	159201	91469	3058	2818	12752	148839		668
电信、广播电视和卫星传输服务	17314	17284	17280	1140	34		8	17306		
互联网和相关服务	9557	8946	9557	7118			101	9456		
软件和信息技术服务业	135389	132643	132364	83212	3024	2818	12643	122078		668
租赁和商务服务业	5616	5616	5199	1721	417	417	217	5399		
租赁业	1032	1032	1032	76				1032		
商务服务业	4584	4584	4167	1645	417	417	217	4368		
科学研究和技术服务业	210193	191038	186841	92492	23352	23154	13824	195842		527
研究和试验发展	19227	16890	16640	7205	2587	2582	1194	18033		
专业技术服务业	72791	56919	71753	52229	1038	971	6156	66436		199
科技推广和应用服务业	118174	117229	98448	33059	19726	19600	6474	111373		328
水利、环境和公共设施管理业	7164	7101	5452	1842	1712	1702	308	6856		
水利管理业										
生态保护和环境治理业	1656	1593	1599	972	57	51		1656		
公共设施管理业	1540	1540	1525	723	15	12	80	1460		
土地管理业	3968	3968	2328	146	1640	1640	228	3740		
卫生和社会工作	3858	3289	3688	2428	170	170	39	3819		
卫生	3837	3289	3667	2428	170	170	39	3798		
社会工作	21		21					21		

续表

项目	R&D经费内部支出合计	#试验发展支出	#经常费支出	#人员劳务费	#资产性支出	#仪器和设备	#政府资金	#企业资金	#境外资金	#其他资金
文化、体育和娱乐业	1101	1062	1086	248	15	15		1101		
新闻和出版业	499	499	499	46				499		
广播、电视、电影和录音制作业	107	107	107	101				107		
文化艺术业	324	324	324	27				324		
体育										
娱乐业	172	133	157	75	15	15		172		
五、按区县分										
渝中区	23098	20190	22789	17966	308	293	479	22619		
大渡口区	19247	17739	19246	10068	1	1	57	19191		
江北区	4513	3408	4500	2972	14	8	188	4325		
沙坪坝区	20945	20821	19492	10087	1453	1355	8604	12341		
九龙坡区	43248	40311	42341	26952	906	894	366	42554		
南岸区	51198	48319	50983	28612	215	81	7981	43018		
北碚区	23860	21865	19997	12046	3863	3835	63	23797		328
渝北区	215656	202658	198764	92684	16892	16727	4088	210901		199
巴南区	16658	15210	14622	5579	2036	2034	1540	15119		
涪陵区	1847	1835	1796	729	51	50	1	1846		
长寿区	3994	3994	3993	1461	1		48	3946		
江津区	1380	1380	1380	1047			2	1378		668
合川区	182		182	69				182		
永川区	6760	6383	5039	768	1721	1721	2	6758		
南川区	3840	3622	3821	2360	19	10	68	3772		

续表

项目	R&D经费内部支出合计	#试验发展支出	#经常费支出	#人员劳务费	#资产性支出	#仪器和设备	#政府资金	#企业资金	#境外资金	#其他资金
綦江区	2592	1581	2579	1230	13	13	5	2587		
潼南区	272	236	256	165	15	15		272		
铜梁区	947	947	763	292	184	184		947		
大足区	2145	2089	2145	1491				2145		
荣昌区										
璧山区	6342	6342	5364	1492	978	958	4789	1553		
万州区	488	374	453	243	34	34	42	446		
梁平区										
城口县										
丰都县										
垫江县	551	79	551	446				551		
忠　县										
开州区										
云阳县										
奉节县	1735	1735	1718	589	18	15		1735		
巫山县	551	551	437	150	114	114		551		
巫溪县										
黔江区	41	41	41	36				41		
武隆区										
石柱土家族自治县										
秀山土家族苗族自治县										
酉阳土家族苗族自治县										
彭水苗族土家族自治县										

3-4　建筑业、服务业企业 R&D 经费外部支出（2021 年）

单位：万元

项目	R&D 经费外部支出合计	#对境内研究机构支出	#对境内高等学校支出	#对境内企业支出	#对境外支出
总计	128050	3448	3346	53273	67984
一、按规模分					
大型	100282	1891	867	29859	67665
中型	12247	1147	100	10998	3
小型	15466	410	2380	12361	316
微型	55			55	
二、按隶属关系分					
中央	20167	1685	1566	16655	261
地方	1085	14	67	1004	
其他	106798	1749	1713	35614	67723
三、按登记注册类型分					
内资企业	127205	3448	3346	52427	67984
国有企业	11934	23	1515	10136	261
集体企业					
股份合作企业					
联营企业					
有限责任公司	105847	1439	1686	35314	67408
股份有限公司	3947	1692	115	2140	
私营企业	5477	293	30	4838	316
其他企业					
港、澳、台商投资企业	349			349	
合资经营企业（港或澳、台资）	349			349	
合作经营企业（港或澳、台资）					
港、澳、台商独资经营企业					
港、澳、台商投资股份有限公司					
其他港澳台投资企业					
外商投资企业	496			496	
中外合资经营企业					
中外合作经营企业					
外资企业					
外商投资股份有限公司					
其他外商投资企业	496			496	
四、按行业分					
建筑业	2014	1187	199	628	
房屋建筑业	1884	1177	188	519	
土木工程建筑业	54	10	11	33	
建筑安装业	16			16	

续表

项目	R&D 经费外部支出合计	#对境内研究机构支出	#对境内高等学校支出	#对境内企业支出	#对境外支出
建筑装饰、装修和其他建筑业	60			60	
交通运输、仓储和邮政业	471	1		470	
铁路运输业					
道路运输业	471	1		470	
水上运输业					
航空运输业					
管道运输业					
多式联运和运输代理业					
装卸搬运和仓储业					
邮政业					
信息传输、软件和信息技术服务业	25358	393	1621	22765	579
电信、广播电视和卫星传输服务					
互联网和相关服务	2552	101	1550	899	3
软件和信息技术服务业	22806	292	71	21867	576
租赁和商务服务业	150	4	3	143	
租赁业					
商务服务业	150	4	3	143	
科学研究和技术服务业	100044	1863	1523	29254	67405
研究和试验发展	1631	171	893	567	
专业技术服务业	5973	1683	621	3669	
科技推广和应用服务业	92440	9	9	25018	67405
水利、环境和公共设施管理业					
水利管理业					
生态保护和环境治理业					
公共设施管理业					
土地管理业					
卫生和社会工作	13			13	
卫生	13			13	
社会工作					
文化、体育和娱乐业					
新闻和出版业					
广播、电视、电影和录音制作业					
文化艺术业					
体育					
娱乐业					
五、按区县分					
渝中区	2765	1500	35	1230	

续表

项目	R&D 经费外部支出合计	#对境内研究机构支出	#对境内高等学校支出	#对境内企业支出	#对境外支出
大渡口区	62	5		56	
江北区	522			522	
沙坪坝区	7899	147	89	7664	
九龙坡区	809	50	75	685	
南岸区	5609	268	540	4541	261
北碚区	4903	7	1462	3434	
渝北区	103370	101	1092	34454	67723
巴南区	7	1	6		
涪陵区					
长寿区	39		39		
江津区					
合川区					
永川区	223	223			
南川区	72	4	3	65	
綦江区	1444	975	3	466	
潼南区					
铜梁区					
大足区	10			10	
荣昌区					
璧山区	300	168	3	129	
万州区					
梁平区					
城口县					
丰都县					
垫江县					
忠　县					
开州区					
云阳县					
奉节县	4			4	
巫山县	13			13	
巫溪县					
黔江区					
武隆区					
石柱土家族自治县					
秀山土家族苗族自治县					
酉阳土家族苗族自治县					
彭水苗族土家族自治县					

3-5 建筑业、服务业企业研发机构情况（2021 年）

项目	机构数/个	机构人员合计/人	博士和硕士/人	机构经费支出/万元	机构仪器和设备原价/万元
总计	282	16062	3584	703424	317275
一、按规模分					
大型	83	9081	2399	504795	235927
中型	105	4799	719	136040	49219
小型	84	1939	400	56662	29715
微型	10	243	66	5927	2413
二、按隶属关系分					
中央	44	3653	1401	174473	162949
地方	17	1816	430	69092	11649
其他	221	10593	1753	459859	142677
三、按登记注册类型分					
内资企业	275	15490	3473	683938	309998
国有企业	7	1601	587	72582	5111
集体企业					
股份合作企业					
联营企业					
有限责任公司	99	7689	1947	481531	263777
股份有限公司	36	925	381	25825	12527
私营企业	133	5275	558	104001	28584
其他企业					
港、澳、台商投资企业	3	169	14	2886	2318
合资经营企业（港或澳、台资）	2	147	13	2540	1816
合作经营企业（港或澳、台资）					
港、澳、台商独资经营企业	1	22	1	346	502
港、澳、台商投资股份有限公司					
其他港澳台投资企业					
外商投资企业	4	403	97	16600	4958
中外合资经营企业	1	137	8	6863	821
中外合作经营企业					
外资企业	2	254	89	9686	4114
外商投资股份有限公司	1	12		51	23
其他外商投资企业					
四、按行业分					
建筑业	60	3158	284	154838	152039
房屋建筑业	28	1102	102	59796	14994
土木工程建筑业	24	1768	171	87450	135741
建筑安装业	5	231	2	5472	858

续表

项目	机构数/个	机构人员合计/人	博士和硕士/人	机构经费支出/万元	机构仪器和设备原价/万元
建筑装饰、装修和其他建筑业	3	57	9	2121	446
交通运输、仓储和邮政业	4	163	13	4324	1953
铁路运输业					
道路运输业	4	163	13	4324	1953
水上运输业					
航空运输业					
管道运输业					
多式联运和运输代理业					
装卸搬运和仓储业					
邮政业					
信息传输、软件和信息技术服务业	91	7128	1710	257085	49920
电信、广播电视和卫星传输服务	2	105	23	2951	15286
互联网和相关服务	16	897	118	47564	10191
软件和信息技术服务业	73	6126	1569	206570	24443
租赁和商务服务业	11	163	42	2100	1385
租赁业					
商务服务业	11	163	42	2100	1385
科学研究和技术服务业	96	5140	1486	277456	108318
研究和试验发展	10	337	134	13195	11227
专业技术服务业	61	2540	937	58186	24417
科技推广和应用服务业	25	2263	415	206074	72675
水利、环境和公共设施管理业	7	115	33	5322	2397
水利管理业					
生态保护和环境治理业	2	25	1	415	453
公共设施管理业	4	57	21	787	251
土地管理业	1	33	11	4120	1693
卫生和社会工作	8	161	5	2010	1126
卫生	8	161	5	2010	1126
社会工作					
文化、体育和娱乐业	5	34	11	288	136
新闻和出版业					
广播、电视、电影和录音制作业					
文化艺术业	3	16	10	184	104
体育					
娱乐业	2	18	1	104	32
五、按区县分					
渝中区	13	860	226	15183	2566

续表

项目	机构数/个	机构人员合计/人	博士和硕士/人	机构经费支出/万元	机构仪器和设备原价/万元
大渡口区	7	107	24	9438	10253
江北区	13	530	66	11493	3894
沙坪坝区	7	397	70	21705	2994
九龙坡区	34	1213	127	56842	7706
南岸区	37	1744	443	78158	32054
北碚区	13	1565	493	59829	133255
渝北区	89	8178	1914	404479	110481
巴南区	11	346	36	8772	3378
涪陵区	1	35	10	7918	135
长寿区	3	120	17	5102	1702
江津区	2	47	1	548	166
合川区					
永川区	6	95	48	5644	2264
南川区	6	205	4	3406	1456
綦江区	2	73	3	2006	841
潼南区	1	6	1	100	80
铜梁区	3	177		2927	365
大足区	6	6	6	851	137
荣昌区					
璧山区	8	130	71	4585	433
万州区	4	52	8	421	127
梁平区	3	20	8	524	1311
城口县					
丰都县					
垫江县	3	41	2	1134	757
忠　县					
开州区					
云阳县					
奉节县	10	115	6	2360	920
巫山县					
巫溪县					
黔江区					
武隆区					
石柱土家族自治县					
秀山土家族苗族自治县					
酉阳土家族苗族自治县					
彭水苗族土家族自治县					

3-6 建筑业、服务业企业专利（2021 年）

单位：件

项目	专利申请数	#发明专利	有效发明专利数
总计	5522	2600	5408
一、按规模分			
大型	3035	1457	2646
中型	1206	485	1046
小型	1137	548	1303
微型	144	110	413
二、按隶属关系分			
中央	2182	1073	1988
地方	519	292	457
其他	2821	1235	2963
三、按登记注册类型分			
内资企业	5439	2559	5246
国有企业	581	415	292
集体企业			
股份合作企业			
联营企业			
有限责任公司	2796	1230	2745
股份有限公司	722	432	1125
私营企业	1340	482	1084
其他企业			
港、澳、台商投资企业	28	16	82
合资经营企业（港或澳、台资）	18	6	79
合作经营企业（港或澳、台资）			
港、澳、台商独资经营企业	10	10	3
港、澳、台商投资股份有限公司			
其他港澳台投资企业			
外商投资企业	55	25	80
中外合资经营企业	41	16	66
中外合作经营企业			
外资企业	9	9	14
外商投资股份有限公司			
其他外商投资企业	5		
四、按行业分			
建筑业	1203	355	1250
房屋建筑业	546	139	542
土木工程建筑业	579	197	634
建筑安装业	38	6	18

续表

项目	专利申请数	#发明专利	有效发明专利数
建筑装饰、装修和其他建筑业	40	13	56
交通运输、仓储和邮政业	39	15	100
铁路运输业			
道路运输业	35	15	100
水上运输业			
航空运输业			
管道运输业	2		
多式联运和运输代理业	2		
装卸搬运和仓储业			
邮政业			
信息传输、软件和信息技术服务业	1627	1179	1288
电信、广播电视和卫星传输服务	80	78	56
互联网和相关服务	102	78	163
软件和信息技术服务业	1445	1023	1069
租赁和商务服务业	55	17	28
租赁业			
商务服务业	55	17	28
科学研究和技术服务业	2398	978	2455
研究和试验发展	255	142	314
专业技术服务业	1578	637	1637
科技推广和应用服务业	565	199	504
水利、环境和公共设施管理业	146	48	217
水利管理业			
生态保护和环境治理业	101	35	151
公共设施管理业	45	13	66
土地管理业			
卫生和社会工作	32	1	61
卫生	32	1	61
社会工作			
文化、体育和娱乐业	22	7	9
新闻和出版业			
广播、电视、电影和录音制作业	6	1	6
文化艺术业	7	5	1
体育			
娱乐业	9	1	2
五、按区县分			
渝中区	727	366	982

续表

项目	专利申请数	#发明专利	有效发明专利数
大渡口区	415	111	515
江北区	231	79	224
沙坪坝区	121	55	125
九龙坡区	553	193	561
南岸区	740	328	550
北碚区	447	305	220
渝北区	1725	992	1752
巴南区	105	33	50
涪陵区	7	2	60
长寿区	16	6	5
江津区	188	26	23
合川区			
永川区	35	13	42
南川区	48	13	11
綦江区	1	1	1
潼南区	16	11	36
铜梁区	2	2	12
大足区	21	17	1
荣昌区	14	1	14
璧山区	53	15	169
万州区	18	7	17
梁平区	2		7
城口县			
丰都县			
垫江县	5	2	5
忠　县			
开州区			
云阳县			
奉节县	19	15	19
巫山县	5		
巫溪县			
黔江区	1		
武隆区	7	7	7
石柱土家族自治县			
秀山土家族苗族自治县			
酉阳土家族苗族自治县			
彭水苗族土家族自治县			

四、高新技术企业

说明：数据调查范围为 2021 年重庆市有效期内的高新技术企业。

4-1 高新技术企业基本情况（2016—2021 年）

指标	单位	2016 年	2017 年	2018 年	2019 年	2020 年	2021 年
工业总产值	亿元	7300	7765. 20	7414. 97	7021. 69	9046. 32	11950. 23
营业收入	亿元	6902. 34	8595. 97	8610. 10	9176. 30	11349. 05	13434. 06
#技术收入	亿元	232. 12	264. 29	430. 34	733. 35	1095. 62	1141. 76
产品销售收入	亿元	6440. 18	7935. 34	7731. 97	7929. 92	9703. 54	11718. 46
#高新技术产品销售收入	亿元	5139. 92	6494. 10	5816. 41	5940. 37	7501. 09	9365. 32
进出口总额	亿元	686. 8	916. 57	826. 34	886. 82	1247. 2	1666. 01
#出口总额	亿元	418. 54	580. 52	541. 29	648. 01	900. 34	1204. 56
净利润	亿元	454	546. 51	311. 17	251. 45	522. 15	658. 95
上缴税费	亿元	532. 77	631. 84	440. 44	357. 76	448. 97	603. 87
减免税	亿元	75. 19	44. 03	63. 87	51. 59	79. 84	89. 01
年末资产（资产总计）	亿元	7995. 43	9500. 76	10491. 65	12329. 65	14789. 2	16222. 16
年末负债	亿元	4892. 02	5870. 76	6302. 56	7812. 48	9170. 99	9957. 51
对外直接投资额	亿元	5. 16	15. 58	13. 35	7. 06	7. 32	11. 5
本年完成固定资产投资额	亿元	281. 66	357. 10	347. 85	433. 56	267. 98	348. 02

4-2 高新技术企业人员情况（2016—2021 年）

单位：人

指标	2016 年	2017 年	2018 年	2019 年	2020 年	2021 年
从业人员期末数	507234	598603	654500	692590	826451	859050
#留学归国人员	1023	1291	939	1148	2000	2226
#按学历分						
研究生	16258	19180	21857	24279	28096	32021
大本	101132	122621	142191	155694	184329	201530
大专	106779	138469	148418	145619	166434	168185

4-3 高新技术企业科技活动人员情况（2021 年）

单位：人

技术领域	研究开发人员	#全时人员
合计	170709	124711
电子与信息	40700	32405
生物、医药技术	10831	8473
新材料	20059	13066
光机电一体化	30170	21614

续表

技术领域	研究开发人员	#全时人员
新能源高效节能	10504	7346
环境保护	4820	3237
航空航天	1016	819
地球、空间、海洋工程	566	382
核应用技术	259	162
其他高技术	51784	37207

4-4　高新技术企业科技活动经费支出（2021 年）

单位：万元

技术领域	来自企业自筹的科技活动经费	委托外部研究开发费用	当年形成用于研究开发的固定资产	来自政府部门的科技活动经费
合计	5391917	288114	397510	173508
电子与信息	1027676	72993	64858	48697
生物、医药技术	362558	73099	31960	5193
新材料	690545	7104	66399	11649
光机电一体化	762153	43547	63291	28620
新能源高效节能	419183	8851	30557	13167
环境保护	98657	896	3094	1535
航空航天	12283	136	1131	608
地球、空间、海洋工程	41875	1197	1616	191
核应用技术	53870		1035	412
其他高技术	1923117	80291	133569	63436

4-5　高新技术企业的企业办科技机构情况（2021 年）

技术领域	机构数/个	机构人员数/人	#博士毕业	硕士毕业	机构研究开发费用/万元
合计	2455	91080	1022	10875	3423983
电子与信息	484	20475	175	2756	661777
生物、医药技术	206	6663	170	1093	216086
新材料	490	9582	81	523	346605
光机电一体化	559	16573	181	1976	491162
新能源高效节能	130	4029	35	338	185534

续表

技术领域	机构数/个	机构人员数/人			机构研究开发费用/万元
			#博士毕业	硕士毕业	
环境保护	85	2088	42	195	61970
航空航天	6	191		22	4991
地球、空间、海洋工程	20	332	3	46	6223
核应用技术	5	497	6	22	4712
其他高技术	470	30650	329	3904	1444923

4-6　高新技术企业专利情况（2021 年）

技术领域	专利申请数/件		专利授权数/件		拥有有效专利数/件	专利转让及许可数/件	专利转让及许可收入/万元
		#发明专利		#发明专利			
合计	26406	9469	22628	3990	113363	774	6135
电子与信息	3995	1851	3479	1091	15032	107	480
生物、医药技术	1548	643	1146	223	6111	61	1139
新材料	3372	917	3265	472	16078	151	2801
光机电一体化	6377	2052	5720	829	30872	166	149
新能源高效节能	2037	697	1521	230	6781	10	8
环境保护	765	244	781	105	4850	20	
航空航天	280	174	164	16	564	4	1454
地球、空间、海洋工程	80	23	73	7	260		
核应用技术	46	17	40	3	191		
其他高技术	7906	2851	6439	1014	32624	255	104

4-7　高新技术企业新产品情况（2021 年）

单位：万元

技术领域	新产品产值	新产品销售收入	
			#出口
合计	46711652	47191627	5965148
电子与信息	7182390	6441814	3617117
生物、医药技术	2827020	2927270	320226
新材料	8021030	8052872	346386
光机电一体化	7383464	7297593	509171
新能源高效节能	2056986	2634107	128921

续表

技术领域	新产品产值	新产品销售收入	
			#出口
环境保护	618538	589357	62971
航空航天	20657	19816	
地球、空间、海洋工程	936498	936498	1067
核应用技术	60603	60603	4041
其他高技术	17604466	18231697	975248

4-8 高新技术企业技术获取和技术改造情况（2021 年）

单位：万元

技术领域	引进国外技术经费支出	引进技术的消化吸收经费支出	购买国内技术经费支出	技术改造经费支出	技术合同成交总额
合计	210395	17559	19586	307725	2012240
电子与信息	2670	1763	1789	36756	259123
生物、医药技术	1034		8420	14880	63650
新材料		230	4155	44168	7762
光机电一体化	5138	3602	924	39227	36700
新能源高效节能			3482	21813	1522
环境保护		4197	99	3406	5274
航空航天				7362	4471
地球、空间、海洋工程				258	476318
核应用技术			16	607	
其他高技术	201553	7767	701	139248	1157420

4-9 各区县高新技术企业数及高新技术产品销售收入（2021 年）

区县	高新技术企业数/家	高新技术企业主营业务收入/万元	高新技术产品销售收入/万元
全市	5109	131841469	93653248
重庆高新区	246	2773037	1902837
九龙坡区	504	7853645	3842222
两江新区	612	26862948	17664188
渝中区	140	3616102	1447051
大渡口区	100	4345230	1410399
江北区	229	23479301	22770249
沙坪坝区	104	2554113	1798080

续表

区县	高新技术企业数/家	高新技术企业主营业务收入/万元	高新技术产品销售收入/万元
南岸区	279	6446310	3839938
北碚区	159	2619185	1677573
渝北区	332	4906616	2996285
巴南区	163	4881422	3727165
涪陵区	122	8312043	6515674
长寿区	145	2970348	2303301
江津区	285	5782842	4001006
合川区	125	1857683	1466001
永川区	29	130766	82745
南川区	36	348960	260286
綦江区	123	1687977	1391211
万盛经开区	44	673363	567723
潼南区	65	560598	435013
铜梁区	130	1788883	1247757
大足区	126	1368659	954658
璧山区	11	110961	83964
荣昌区	6	50289	15277
万州区	81	986120	876881
梁平区	78	405291	235688
城口县	3	2857	1379
丰都县	11	60708	35932
垫江县	39	470648	394258
忠　县	20	640216	609205
开州区	67	543522	351692
云阳县	15	83622	55600
奉节县	18	45880	29121
巫山县	2	3746	3413
巫溪县	7	13234	8780
黔江区	41	176269	155807
武隆区	8	94027	77733
石柱土家族自治县	11	88633	53809
秀山土家族苗族自治县	13	114373	98383
酉阳土家族苗族自治县	8	26865	24329
彭水苗族土家族自治县	3	14020	12228
璧山高新区	289	4223128	3158663
荣昌高新区	117	2357190	1712020
永川高新区	163	5509839	3357724

五、研究与开发机构

说明： 数据调查范围为科学研究和技术服务业中非企业法人单位，包括政府部门属科研机构及该行业中研发活动比较密集的其他非企业法人单位。

5-1 研究与开发机构基本情况（2015—2021 年）

指标	2015 年	2016 年	2017 年	2018 年	2019 年	2020 年	2021 年
单位数/个	51	142	170	223	254	310	339
#有 R&D 活动的单位	42	132	162	201	249	272	301
按隶属关系分							
中央属	4	4	4	4	4	3	3
地方属	47	138	166	219	250	307	336
研究与试验发展（R&D）投入情况							
R&D 人员/人	5227	8133	9167	10745	11561	12757	14964
R&D 人员全时当量/人年	4154	6356	7327	8756	9334	10544	12407
#基础研究	391	838	907	1257	1416	1522	1604
应用研究	1909	2837	3199	3692	4081	4441	4409
试验发展	1854	2681	3221	3807	3837	4581	6394
R&D 经费内部支出/万元	172924. 7	239607. 2	268833. 3	287230. 8	339469. 9	386373. 9	484852. 4
#基础研究	12343. 7	27182. 7	30040. 8	37086. 5	44830. 3	47496	52603. 5
应用研究	64147. 3	94434. 8	109139. 5	107178. 7	123172. 7	145372. 1	159271. 3
试验发展	96432. 7	117989. 7	129653	142965. 6	171466. 9	193505. 8	272977. 6
#政府资金	150027. 9	187281. 1	203785. 2	217358. 5	259522. 1	296042. 9	351610. 9
企业资金	9026. 8	9614	15538. 4	8054. 5	15449	21275. 2	35071. 2
国外资金	29	15. 6		207. 7			
其他资金	13840	42696. 5	49509. 7	61610. 1	64498. 8	69055. 8	98170. 3
研究与试验发展（R&D）项目（课题）情况							
R&D 项目（课题）/数·项$^{-1}$	2227	2787	3397	3868	4122	4050	4770
R&D 项目（课题）人员全时当量/人年	3638. 1	5335. 4	6130. 8	7148. 9	7429. 9	8128. 8	10208. 7
R&D 项目（课题）经费内部支出/万元	66401. 9	104020	150197. 4	167775. 2	186812	198519. 7	227019. 4
科技产出及成果情况							
发表科技论文/篇	2108	3318	3632	3806	3734	3907	4122
#国外发表	152	210	205	404	482	740	952
出版科技著作/种	56	124	103	124	138	127	138
专利申请受理数/件	495	525	546	524	772	879	1326
#发明专利	288	327	307	247	457	517	894
专利申请授权数/件	334	405	437	390	471	698	1048
#发明专利	139	201	228	157	119	175	355

5-2 研究与开发机构研究与试验发展（R&D）人员情况（2021 年）

指标	单位数/个	有R&D活动单位数	从业人员/人	R&D人员合计/人	#女性	#研究人员	其中：全时人员	其中：非全时人员	其中：#博士毕业	其中：硕士毕业	其中：本科毕业	其中：其他学历	R&D人员折合全时当量/人年	#研究人员	其中：基础研究	其中：应用研究	其中：试验发展
总计	339	301	27820	14964	5620	10181	10070	4894	1666	4613	6887	1798	12407	8910	1604	4409	6394
一、按隶属关系分																	
中央部门属	3	3	892	715	215	578	636	79	195	270	246	4	677	567	107	215	355
地方部门属	336	298	26928	14249	5405	9603	9434	4815	1471	4343	6641	1794	11730	8343	1497	4194	6039
二、按从事的国民经济行业分																	
科学研究和技术服务业	339	301	27820	14964	5620	10181	10070	4894	1666	4613	6887	1798	12407	8910	1604	4409	6394
研究和试验发展	73	71	16282	9840	4072	6580	6485	3355	1301	3348	4196	995	8330	5795	1425	2921	3984
专业技术服务业	141	121	8043	2811	890	1919	1953	858	96	775	1531	409	2244	1685	139	987	1118
科技推广和应用服务业	125	109	3495	2313	658	1682	1632	681	269	490	1160	394	1833	1430	40	501	1292
三、按地域分																	
渝中区	5	4	481	310	101	234	239	71	10	81	127	92	268	228	63	157	48
大渡口区																	
江北区	9	9	5588	2604	1428	1545	1200	1404	163	870	1452	119	2108	1271	681	935	492
沙坪坝区	12	11	3164	808	306	556	457	351	222	207	322	57	640	464	148	197	295
九龙坡区	8	7	939	716	262	519	673	43	84	308	288	36	701	515	36	134	531
南岸区	3	3	544	390	191	237	290	100	41	88	213	48	315	208	48	145	122
北碚区	10	10	1389	1296	321	975	1112	184	232	376	533	155	1194	921	141	433	620
渝北区	45	44	8345	4536	1492	3002	2717	1819	742	1721	1690	383	3426	2460	207	1170	2049
巴南区	10	8	311	120	48	89	72	48	36	47	30	7	88	75	29	24	35
涪陵区	14	14	543	438	189	254	278	160	7	88	230	113	352	224	12	158	182
长寿区	6	4	226	44	10	40	31	13	12	10	21	1	40	39	15	9	16
江津区	3	3	92	51	14	42	45	6		16	35		45	38		23	22
合川区	11	11	214	152	57	95	137	15	8	45	81	18	142	94	6	81	55
永川区	11	9	667	191	44	118	156	35	2	55	108	26	176	110		107	69
南川区	8	6	285	236	92	168	224	12	21	72	73	70	224	153	44	62	118

续表

指标	单位数/个	有R&D活动单位数	从业人员/人	R&D人员合计/人	#女性	#研究人员	其中：全时人员	非全时人员	其中：#博士毕业	硕士毕业	本科毕业	其他学历	R&D人员折合全时当量/人年	#研究人员	其中：基础研究	应用研究	试验发展
綦江区	17	15	452	240	85	233	237	3	1	36	164	39	238	224	9	43	186
潼南区	13	11	309	242	81	205	214	28	2	46	141	53	219	198		44	175
铜梁区	14	14	493	380	124	320	337	43	13	59	256	52	355	311			355
大足区	14	13	620	337	144	235	269	68	3	53	176	105	296	220	33	94	169
荣昌区	4	4	360	332	134	292	324	8	29	143	97	63	327	234	80	98	149
璧山区	9	8	263	212	72	165	173	39	33	62	76	41	176	139	1	148	27
万州区	16	16	588	470	136	249	243	227	3	103	234	130	351	206	4	88	259
梁平区	3	3	51	24	5	21	19	5		2	20	2	20	20			20
城口县	5	5	59	50	16	26	38	12	1	7	25	17	46	26		23	23
丰都县	11	4	182	24	10	24	24			7	16	1	24	24			24
垫江县	5	5	83	36	11	17	34	2		3	21	12	35	17		2	33
忠　县	6	4	149	45	19	20	20	25		9	30	6	33	18	4	18	11
开州区	3	1	210	8	2	8	8			2	5	1	8	8	8		
云阳县	10	8	201	129	30	113	113	16		14	85	30	118	111	7	38	73
奉节县	7	6	126	46	7	35	33	13			27	19	35	34			35
巫山县	4	3	96	50	20	36	38	12		5	34	11	38	36		13	25
巫溪县	1		11														
黔江区	8	5	256	62	28	54	57	5	1	23	38		58	52		18	40
武隆区	10	10	154	94	27	52	51	43		17	56	21	72	45		35	37
石柱土家族自治县	14	14	195	158	59	109	105	53		29	101	28	126	97	1	65	60
秀山土家族苗族自治县																	
酉阳土家族苗族自治县	10	9	174	133	55	93	102	31		9	82	42	113	90	27	47	39
彭水苗族土家族自治县																	
四、按学科分																	
自然科学领域	46	43	3055	1231	314	925	928	303	201	285	529	216	1040	807	86	471	483

续表

指标	单位数/个	有R&D活动单位数	从业人员/人	R&D人员合计/人	#女性	#研究人员	其中：全时人员	非全时人员	其中：#博士毕业	硕士毕业	本科毕业	其他学历	R&D人员折合全时当量/人年	#研究人员	其中：基础研究	应用研究	试验发展
农业科学领域	116	102	4352	2802	966	1993	2382	420	130	755	1198	719	2555	1870	157	517	1881
医学科学领域	13	13	7702	3344	1887	2156	1569	1775	374	1066	1656	248	2765	1794	954	1033	778
工程科学与技术领域	143	123	11421	6666	2058	4410	4470	2196	912	2213	3040	501	5246	3790	289	1925	3032
社会、人文科学领域	21	20	1290	921	395	697	721	200	49	294	464	114	801	649	118	463	220
五、按服务的国民经济行业分																	
农、林、牧、渔业	67	60	3131	2095	741	1489	1840	255	110	654	800	531	1949	1373	190	418	1341
农业	27	22	981	509	171	323	394	115	10	141	178	180	450	293	65	108	277
林业	12	12	323	246	88	167	218	28	7	54	128	57	218	157		56	162
畜牧业	11	11	857	663	258	454	612	51	33	189	242	199	642	387	93	104	445
渔业	3	3	105	93	31	50	77	16	3	23	30	37	77	44		46	31
农、林、牧、渔专业及辅助性活动	14	12	865	584	193	495	539	45	57	247	222	58	562	492	32	104	426
采矿业	2	1	44	12	3	12	12				12		12	12			12
其他采矿业	2	1	44	12	3	12	12				12		12	12			12
制造业	12	11	1092	1015	301	557	607	408	200	254	480	81	744	477	76	307	361
酒、饮料和精制茶制造业	1		17														
医药制造业	2	2	303	240	125	202	227	13	65	69	83	23	227	202	76	109	42
通用设备制造业	1	1	184	162	12	135	76	86	32	60	48	22	123	98		123	
专用设备制造业	2	2	179	153	25	43	130	23	13	49	82	9	142	39			142
汽车制造业	1	1	23	111	30	50	21	90	49	22	38	2	52	49		5	47
计算机、通信和其他电子设备制造业	5	5	386	349	109	127	153	196	41	54	229	25	200	89		70	130
建筑业	7	6	517	243	48	205	208	35	3	55	139	46	210	184	32	94	84
房屋建筑业	5	4	163	99	33	90	94	5		20	67	12	96	81	5	29	62
土木工程建筑业	2	2	354	144	15	115	114	30	3	35	72	34	114	103	27	65	22
交通运输、仓储和邮政业	1	1	107	33	10	25	14	19	2	16	10	5	18	15			18
道路运输业	1	1	107	33	10	25	14	19	2	16	10	5	18	15			18

续表

指标	单位数/个	有R&D活动单位数	从业人员/人	R&D人员合计/人	#女性	#研究人员	其中：全时人员	非全时人员	其中：#博士毕业	硕士毕业	本科毕业	其他学历	R&D人员折合全时当量/人年	#研究人员	其中：基础研究	应用研究	试验发展
信息传输、软件和信息技术服务业	4	4	139	141	44	104	86	55	25	61	38	17	111	87		27	84
互联网和相关服务	1	1	69	89	25	69	42	47	25	42	22		67	55			67
软件和信息技术服务业	3	3	70	52	19	35	44	8		19	16	17	44	32		27	17
科学研究和技术服务业	217	192	14490	7988	2612	5628	5473	2515	1003	2487	3626	872	6409	4902	360	2274	3775
研究和试验发展	24	24	1807	2210	625	1818	1781	429	638	715	776	81	1936	1605	146	642	1148
专业技术服务业	111	97	9467	3319	1194	2172	1993	1326	130	1129	1701	359	2536	1836	179	913	1444
科技推广和应用服务业	82	71	3216	2459	793	1638	1699	760	235	643	1149	432	1937	1461	35	719	1183
水利、环境和公共设施管理业	10	9	773	405	208	206	312	93	32	159	181	33	366	205	17	188	161
水利管理业	3	3	61	36	10	19	33	3		4	24	8	33	19		16	17
生态保护和环境治理业	5	5	609	300	164	143	226	74	23	136	128	13	266	142	10	148	108
公共设施管理业	1	1	92	69	34	44	53	16	9	19	29	12	67	44	7	24	36
土地管理业	1		11														
居民服务、修理和其他服务业	1	1	21	5	2	2	5			3	2		5	2		5	
居民服务业	1	1	21	5	2	2	5			3	2		5	2		5	
教育	7	7	361	322	143	278	322		9	71	225	17	322	278	14	232	76
教育	7	7	361	322	143	278	322		9	71	225	17	322	278	14	232	76
卫生和社会工作	3	3	6599	2516	1455	1585	1088	1428	279	801	1308	128	2104	1290	819	835	450
卫生	3	3	6599	2516	1455	1585	1088	1428	279	801	1308	128	2104	1290	819	835	450
文化、体育和娱乐业	4	3	435	176	47	81	90	86	3	48	57	68	144	76	96	21	27
广播、电视、电影和录音制作业	1	1	7	7		5	7				1	6	7	5		7	
文化艺术业	2	2	411	169	47	76	83	86	3	48	56	62	137	71	96	14	27
体育	1		17														
公共管理、社会保障和社会组织	4	3	111	13	6	9	13			4	9		13	9		8	5
国家机构	2	1	99	5	1	5	5			2	3		5	5			5
群众团体、社会团体和其他成员组织	2	2	12	8	5	4	8			2	6		8	4		8	

5-3 研究与开发机构研究与试验发展（R&D）经费情况（2021 年）

单位：万元

指标	R&D经费内部支出	基础研究	应用研究	试验发展	#日常性支出	人员劳务费	资产性支出	仪器和设备	#政府资金	企业资金	境外资金	其他资金	R&D经费外部支出	对境内研究机构支出	对境内高等学校支出	对境内企业支出	对境外支出
总计	484852. 4	52603. 5	159271. 3	272977. 6	386571. 4	222751. 1	98281	47017	351610. 9	35071. 2		98170. 3	9443. 8	2504. 6	2285. 5	3163. 2	31. 2
一、按隶属关系分																	
中央部门属	21010. 7	3546. 6	7164. 5	10299. 6	18912. 2	13514	2098. 5	1690	15765. 4	4066. 5		1178. 8	826. 1	59. 5	608. 3	158. 3	
地方部门属	463841. 7	49056. 9	152106. 8	262678	367659. 2	209237. 1	96182. 5	45327	335845. 5	31004. 7		96991. 5	8617. 7	2445. 1	1677. 2	3004. 9	31. 2
二、按从事的国民经济行业分																	
科学研究和技术服务业	484852. 4	52603. 5	159271. 3	272977. 6	386571. 4	222751. 1	98281	47017	351610. 9	35071. 2		98170. 3	9443. 8	2504. 6	2285. 5	3163. 2	31. 2
研究和试验发展	324994. 2	47969. 7	100539. 6	176484. 9	254389. 3	156644. 1	70604. 9	33491	214203. 3	30127. 5		80663. 4	6275. 7	2237. 5	2064. 3	1945. 2	
专业技术服务业	87103. 8	3601	39770. 8	43732	67983. 5	37082. 3	19120. 3	9718. 1	70490. 8	340. 4		16272. 6	1369	161. 2	201. 6	842. 2	31. 2
科技推广和应用服务业	72754. 4	1032. 8	18960. 9	52760. 7	64198. 6	29024. 7	8555. 8	3807. 9	66916. 8	4603. 3		1234. 3	1799. 1	105. 9	19. 6	375. 8	
三、按地域分																	
渝中区	8227. 7	3738. 6	3790. 1	699	6892	4549. 5	1335. 7	877. 3	4864	826. 4		2537. 3	96		96		
大渡口区																	
江北区	43940. 3	13693. 4	22699. 7	7547. 2	37427. 4	28666. 9	6512. 9	3143. 4	14206. 9	528. 7		29204. 7	42		3		
沙坪坝区	27918. 1	9280. 3	8242. 4	10395. 4	19406. 5	14204. 5	8511. 6	5594. 2	9771. 8	44. 5		18101. 8	581		581		
九龙坡区	49924. 6	1351. 9	5924	42648. 7	40531. 5	23317. 2	9393. 1	4440. 1	26702. 5	5238. 9		17983. 2	1795	1795			
南岸区	17076. 9	2651. 5	8072. 2	6353. 2	14384. 1	7710. 5	2692. 8	1026. 6	11583. 9	690. 6		4802. 4					
北碚区	40671. 5	4237. 4	15077. 9	21356. 2	35358. 6	21070. 5	5312. 9	1864. 2	34919. 4	4066. 5		1685. 6	1121. 1	149. 5	813. 3	158. 3	
渝北区	118245. 9	3887. 2	33525. 8	80832. 9	93924. 1	54456. 9	24321. 8	18292	91785. 1	8490. 3		17970. 5	2711. 6	390. 1	587. 9	1702. 4	31. 2
巴南区	12435. 2	5289. 7	6368. 5	777	3753. 3	678. 9	8681. 9	163. 9	3305	8700. 8		429. 4	524. 8		12. 6	98. 5	
涪陵区	11229. 6	233. 7	4894. 6	6101. 3	9472	6598. 4	1757. 6	229. 3	11079. 6	128		22	136. 8	7. 1	29. 5	80. 2	
长寿区	1132. 1	672	100. 4	359. 7	887. 1	412. 5	245	238. 2	958. 8			173. 3					
江津区	1309. 9		630	679. 9	1079. 9	599. 5	230	230	1309. 9								
合川区	4252. 4	100. 9	1967. 8	2183. 7	4122. 8	2271	129. 6	126. 6	3949. 9	10. 1		292. 4					
永川区	6489. 4		4449. 4	2040	6275. 3	2431	214. 1	166. 4	6083			406. 4					
南川区	8080. 6	1579. 5	2068. 2	4432. 9	6755	4069. 3	1325. 6	855. 3	5876. 1	1724. 7		479. 8	120. 8	8		112. 8	

续表

指标	R&D经费内部支出	基础研究	应用研究	试验发展	#日常性支出	人员劳务费	资产性支出	仪器和设备	#政府资金	企业资金	境外资金	其他资金	R&D经费外部支出	对境内研究机构支出	对境内高等学校支出	对境内企业支出	对境外支出
綦江区	6148.9	160	1301.5	4687.4	5893.5	3667.1	255.4	247.9	5444.9	136.3		567.7					
潼南区	5873.4		661.8	5211.6	5475.9	4338.4	397.5	147	4950.4	273		650	469	6	2	461	
铜梁区	22229.3			22229.3	17949.2	6610.6	4280.1	2408.4	18743.8	3485.5			23.8	16.9		6.9	
大足区	12766.2	814.1	5554.2	6397.9	11206.3	5063.8	1559.9	1031.5	12651.3	34.8		80.1					
荣昌区	28406.4	2070.5	8374.9	17961	16267.8	8955.4	12138.6	2381.3	28145.4	261							
璧山区	11134.4	130	9785	1219.4	10607	1906.2	527.4	527.4	11134.4				300			300	
万州区	13893.9	68.5	4080.3	9745.1	11462.7	8643.1	2431.2	305	13252.4	41.9		599.6	127.6		127.6		
梁平区	690.5			690.5	683.8	566	6.7	6.7	690.5				45			45	
城口县	2247.8		1415.6	832.2	1807.7	507.8	440.1	129.8	1824	142.7		281.1	853.3				
丰都县	396			396	396	356.2			396								
垫江县	1868.3		5.3	1863	1767.2	770.5	101.1	101.1	1868.3								
忠　县	1179	216.8	618.6	343.6	658.7	580	520.3	371	599			580	150.6	52.5	32.6	12.7	
开州区	107.8	107.8			102	88.5	5.8	5.8	107.8								
云阳县	4170.9	852.8	2030.4	1287.7	3955.5	1632.9	215.4	25.4	4114			56.9					
奉节县	1672.2			1672.2	1517.2	790.7	155	155	1615.1			57.1					
巫山县	1121.4		175.1	946.3	1121.4	637.8			1121.4								
巫溪县																	
黔江区	1834.6		677.7	1156.9	1198.5	884	636.1	346.7	1834.6								
武隆区	4159		1601.3	2557.7	3879	1399.8	280		4159								
石柱土家族自治县	7892.6	283.3	2813.7	4795.6	5352.2	2427.8	2540.4	1117.7	7817.6	75			344.9	79.5		185.4	
秀山土家族苗族自治县																	
酉阳土家族苗族自治县	6125.6	1183.6	2364.9	2577.1	5000.2	1887.9	1125.4	461.8	4745.1	171.5		1209	0.5				
彭水苗族土家族自治县																	
四、按学科分																	
自然科学领域	35352.7	2362.8	12884.3	20105.6	24541.1	13888.8	10811.6	5396.9	27102.9	1049.4		7200.4	163.8	5	5	153.8	

续表

指标	R&D经费内部支出	基础研究	应用研究	试验发展	#日常性支出	人员劳务费	资产性支出	仪器和设备	#政府资金	企业资金	境外资金	其他资金	R&D经费外部支出	对境内研究机构支出	对境内高等学校支出	对境内企业支出	对境外支出
农业科学领域	138773.9	5096.2	27833.2	105844.5	112587.5	63536.8	26186.4	8400	117201.7	4564.5		17007.7	3488.4	1902.9	11.6	206.4	
医学科学领域	87276.3	32085.9	35559.4	19631	64683.5	43834.1	22592.8	7280.9	33081.9	9950.2		44244.2					
工程科学与技术领域	196031.8	7806.7	67380.2	120844.9	159184.6	84179	36847.2	25535.7	150551.2	18420.9		27059.7	5653.6	596.7	2169.9	2803	31.2
社会、人文科学领域	27417.7	5251.9	15614.2	6551.6	25574.7	17312.4	1843	403.5	23673.2	1086.2		2658.3	138		99		
五、按服务的国民经济行业分																	
农、林、牧、渔业	114044.2	6713.4	23550.9	83779.9	89813.6	52798.3	24230.6	7247.4	92897	3743.9		17403.3	2971.4	1881.9	9.6	116.6	
农业	20265.3	2514.8	4975.7	12774.8	17147.5	10614.5	3117.8	985.5	18903.1	458.4		903.8	149.3	20	9.6	89.7	
林业	10916.6		2991.1	7925.5	9251.5	4155.9	1665.1	304.4	10916.6				953.3			20	
畜牧业	41150.1	2784.2	8540.3	29825.6	27541.1	14748.8	13609	3267.2	39514	1185.6		450.5					
渔业	2314.3		1314.9	999.4	2185.1	1384	129.2	45.5	1652			662.3					
农、林、牧、渔专业及辅助性活动	39397.9	1414.4	5728.9	32254.6	33688.4	21895.1	5709.5	2644.8	21911.3	2099.9		15386.7	1868.8	1861.9		6.9	
采矿业	300			300	300	160			300								
其他采矿业	300			300	300	160			300								
制造业	39095.9	7916.3	16808.9	14370.7	26984.3	12046.1	12111.6	1753.6	20270.3	13624.9		5200.7	1025.1		581	444.1	
酒、饮料和精制茶制造业																	
医药制造业	24617.2	7916.3	12723.6	3977.3	14445	6289.7	10172.2	296.6	12067.4	8610.5		3939.3					
通用设备制造业	2117.8		2117.8		1670.6	996	447.2	447.2	2117.8								
专用设备制造业	6563.9			6563.9	6398.1	2572.4	165.8	155.9	2166.7	4397.2							
汽车制造业	500		40.6	459.4	394.6	198.2	105.4	64.6	413.7	13.3		73	444.1			444.1	
计算机、通信和其他电子设备制造业	5297		1926.9	3370.1	4076	1989.8	1221	789.3	3504.7	603.9		1188.4	581		581		
建筑业	5789.1	152.3	3345.7	2291.1	4643.1	3633.1	1146	109.8	3736.3			2052.8					
房屋建筑业	1597	74.3	530.7	992	1572.2	1060.2	24.8	24.8	779.3			817.7					
土木工程建筑业	4192.1	78	2815	1299.1	3070.9	2572.9	1121.2	85	2957			1235.1					
交通运输、仓储和邮政业	704.1			704.1	701.6	602.5	2.5		704.1								
道路运输业	704.1			704.1	701.6	602.5	2.5		704.1								

续表

指标	R&D经费内部支出	基础研究	应用研究	试验发展	#日常性支出	人员劳务费	资产性支出	仪器和设备	#政府资金	企业资金	境外资金	其他资金	R&D经费外部支出	对境内研究机构支出	对境内高等学校支出	对境内企业支出	对境外支出
信息传输、软件和信息技术服务业	4550.3		3280	1270.3	2342.7	1288.1	2207.6	167.6	4550.3								
互联网和相关服务	911.1			911.1	828.5	689.1	82.6	82.6	911.1								
软件和信息技术服务业	3639.2		3280	359.2	1514.2	599	2125	85	3639.2								
科学研究和技术服务业	236603.1	9657.9	75974	150971.2	193311.4	106532.6	43291.7	27498.3	188266.8	16215.7		32120.6	5332.5	622.7	1580.1	2602.5	31.2
研究和试验发展	69577.4	3983.1	18504.8	47089.5	52141.8	31808.2	17435.6	13714.9	57124.8	7885.2		4567.4	1163.6	59.5	808.3	267.1	
专业技术服务业	99883.9	4647	32817.9	62419	79416.8	45710.2	20467.1	11250	75256.5	1259.6		23367.8	3306.2	541.2	629.8	2051.2	31.2
科技推广和应用服务业	67141.8	1027.8	24651.3	41462.7	61752.8	29014.2	5389	2533.4	55885.5	7070.9		4185.4	862.7	22	142	284.2	
水利、环境和公共设施管理业	20227.9	801.7	8676.1	10750.1	16523.6	5753.5	3704.3	3462.3	20227.9				18.8		18.8		
水利管理业	736.9		352.1	384.8	586.6	505.8	150.3	130.3	736.9				18.8		18.8		
生态保护和环境治理业	15739.2	564.2	7438.5	7736.5	12262.4	3689.6	3476.8	3263.7	15739.2								
公共设施管理业	3751.8	237.5	885.5	2628.8	3674.6	1558.1	77.2	68.3	3751.8								
居民服务、修理和其他服务业	204.4		204.4		163.8	117.6	40.6	39.1	204.4								
居民服务业	204.4		204.4		163.8	117.6	40.6	39.1	204.4								
教育	8929.1	425	6462.8	2041.3	8131.6	6540.7	797.5	98.4	8929.1								
教育	8929.1	425	6462.8	2041.3	8131.6	6540.7	797.5	98.4	8929.1								
卫生和社会工作	47461.2	22384.2	19358.8	5718.2	36965.8	30052.6	10495.4	6391.7	7343	638.3		39479.9					
卫生	47461.2	22384.2	19358.8	5718.2	36965.8	30052.6	10495.4	6391.7	7343	638.3		39479.9					
文化、体育和娱乐业	6267.6	4552.7	977.2	737.7	6014.4	3141.6	253.2	248.8	3506.2	848.4		1913	96		96		
广播、电视、电影和录音制作业	275.8		275.8		250.4	132.4	25.4	25.4	275.8								
文化艺术业	5991.8	4552.7	701.4	737.7	5764	3009.2	227.8	223.4	3230.4	848.4		1913	96		96		
公共管理、社会保障和社会组织	675.5		632.5	43	675.5	84.4			675.5								
国家机构	43			43	43	31.6			43								
群众团体、社会团体和其他成员组织	632.5		632.5		632.5	52.8			632.5								

5-4 研究与开发机构研究与试验发展（R&D）产出情况（2021 年）

指标	专利申请数/件	发明专利	专利授权数/件	发明专利	拥有有效发明专利数/件	专利所有权转让及许可数/件	专利所有权转让及许可收入/万元	集成电路布图设计登记数/件	植物新品种权授予数/项	形成国家或行业技术标准数/项	发表科技论文数/篇	国外发表	出版科技著作/种
总计	1326	894	1048	355	2051	62	1922. 2		21	85	4122	952	138
一、按隶属关系分													
中央部门属	207	169	118	68	561	1	200			3	521	427	6
地方部门属	1119	725	930	287	1490	61	1722. 2		21	82	3601	525	132
二、按从事的国民经济行业分													
科学研究和技术服务业	1326	894	1048	355	2051	62	1922. 2		21	85	4122	952	138
研究和试验发展	1036	693	919	292	1643	54	1747. 2		21	63	3183	878	106
专业技术服务业	130	79	73	23	257					17	694	26	14
科技推广和应用服务业	160	122	56	40	151	8	175			5	245	48	18
三、按地域分													
渝中区		197	5	7									
大渡口区													
江北区	109	44	198	12	155	4	35			6	768	71	33
沙坪坝区	78	51	76	23	127	9	137. 5			10	398	149	19
九龙坡区	112	55	112	30	144	6	5. 2		4	11	216	13	8
南岸区	18	16	34	15	196	1	5		2	1	168	36	6
北碚区	287	211	175	86	547	8	256. 5		1	15	507	428	9
渝北区	609	442	356	137	657	28	1475			24	1092	170	32
巴南区	9	5	4	2	2						28	17	
涪陵区	11	8	4	3	18				7		109		2
长寿区	1		9	1	1						6		1
江津区		2											
合川区	4									1	108	3	

续表

指标	专利申请数/件	发明专利	专利授权数/件	发明专利	拥有有效发明专利数/件	专利所有权转让及许可数/件	专利所有权转让及许可收入/万元	集成电路布图设计登记数/件	植物新品种权授予数/项	形成国家或行业技术标准数/项	发表科技论文数/篇	国外发表	出版科技著作/种
永川区	3	2			2						21	3	
南川区	13	13	14	11	43	2	3		1		88	22	
綦江区	1	1	1	1	1						43		3
潼南区	2	2	2	2	2								
铜梁区	4	2	4	2	7						8		
大足区	2	1	2	1	1						43	1	6
荣昌区	40	26	43	22	120	4	5			7	126	30	6
璧山区	3									7	4		
万州区	9	4	12	5	15				6		65	4	2
梁平区	1	1											
城口县	5	5											
丰都县	1	1									3		
垫江县		4											
忠　县		3		1									
开州区		21											
云阳县	2	10		2									
奉节县	2	2									1		
巫山县													
巫溪县													
黔江区		23											
武隆区	1	1									19		
石柱土家族自治县					6					1	6		
秀山土家族苗族自治县													

续表

指标	专利申请数/件	发明专利	专利授权数/件	发明专利	拥有有效发明专利数/件	专利所有权转让及许可数/件	专利所有权转让及许可收入/万元	集成电路布图设计登记数/件	植物新品种权授予数/项	形成国家或行业技术标准数/项	发表科技论文数/篇	国外发表	出版科技著作/种
酉阳土家族苗族自治县	1	1	2	2	7						35		1
彭水苗族土家族自治县													
四、按学科分													
自然科学领域	120	82	33	14	192				1	1	235	60	3
农业科学领域	210	122	187	75	366	18	193.7		18	31	549	38	31
医学科学领域	192	78	363	49	272	6	52		2	13	1178	278	49
工程科学与技术领域	800	610	465	217	1221	36	1676.5			38	1565	568	27
社会、人文科学领域	4	2				2				2	595	8	28
五、按服务的国民经济行业分													
农、林、牧、渔业	195	116	182	74	349	19	196.7		18	19	496	45	25
农业	15	13	23	14	31	1	3		13		131	14	2
林业	11	9	8	6	59	7	128.5			1	15	1	4
畜牧业	60	42	50	27	127	5	60		1	8	145	30	11
渔业	8	4	1		9					3	45		2
农、林、牧、渔专业及辅助性活动	101	48	100	27	123	6	5.2		4	7	160		6
制造业	116	87	58	17	240	5	5		2	3	202	51	6
酒、饮料和精制茶制造业													
医药制造业	20	16	34	15	192	1	5		2		139	49	6
通用设备制造业	58	34	20	2	14	4				2	2		
专用设备制造业	6	5	4								5		
汽车制造业		1											
计算机、通信和其他电子设备制造业	32	32			34					1	55	2	
建筑业	10	2	9	1	4						19	3	7

续表

指标	专利申请数/件	发明专利	专利授权数/件	发明专利	拥有有效发明专利数/件	专利所有权转让及许可数/件	专利所有权转让及许可收入/万元	集成电路布图设计登记数/件	植物新品种权授予数/项	形成国家或行业技术标准数/项	发表科技论文数/篇	国外发表	出版科技著作/种
房屋建筑业	1	1	1	1	1						5		5
土木工程建筑业	9	1	8		3						14	3	2
交通运输、仓储和邮政业	5	2	5	2	9						16		
道路运输业	5	2	5	2	9						16		
科学研究和技术服务业	854	621	535	229	1346	34	1676. 5		1	50	1954	612	40
研究和试验发展	476	398	214	129	708	3	201. 5		1	15	793	516	19
专业技术服务业	197	97	206	51	469	23	1300			25	986	66	11
科技推广和应用服务业	181	126	115	49	169	8	175			10	175	30	10
水利、环境和公共设施管理业	17	13	9		32					4	126	15	3
生态保护和环境治理业	13	11	7		18						89	15	3
公共设施管理业	4	2	2		14					4	37		
居民服务、修理和其他服务业		1											
居民服务业		1											
教育		283	4	4									
教育		283	4	4									
卫生和社会工作	111	36	243	25	61	4	44			9	856	218	42
卫生	111	36	243	25	61	4	44			9	856	218	42
社会工作													
文化、体育和娱乐业		100	2	11									
文化艺术业		95	2	11									
体育		5											
公共管理、社会保障和社会组织	18	17	7	7	10						69	2	
国家机构	18	17	7	7	10						66	2	
群众团体、社会团体和其他成员组织		3											

5-5 研究与开发机构研究与试验发展（R&D）项目（课题）情况（2021 年）

指标	项目（课题）数/项	项目（课题）参加人员折合全时当量/人年	研究人员	项目（课题）经费内部支出/万元
总计	4770	10208.7	7686.8	227019.4
一、按项目（课题）来源分				
本单位自选项目	816	2173.3	1684	66966.3
政府部门科技项目	3271	6842.2	5124.4	137494.6
其他企业（单位）委托项目	469	803.3	615.3	14000
境外项目	1	2.9	1.2	67.1
其他项目	213	387	261.9	8491.4
二、按项目（课题）合作形式分				
自主完成	3932	7706.1	5790.6	151238.3
与境内研究机构合作	184	484	365.8	18830.9
与境内高等学校合作	211	694.7	517.6	15981
与境内其他企业或单位合作	182	488.6	394.6	19448.1
与境外机构合作	10	23.7	15.5	184.4
委托其他企业或单位				
其他形式	251	811.6	602.7	21336.8
三、按项目（课题）活动类型分				
基础研究	867	1238.3	963.8	15732.7
应用研究	1794	3582.5	2703.7	79482.7
试验发展	2109	5387.9	4019.3	131804
四、按项目学科分				
自然科学领域	464	1109.6	837.7	28693.1
数学	25	33.9	25.4	807.4
信息科学与系统科学	30	95	63.7	2020.7
力学	14	35.6	27.6	610.1
物理学	61	127.2	97	4387.6
化学	40	114.1	86.9	1499.9
地球科学	189	522.4	391.7	12158
生物学	103	161	125	6174.4
心理学	2	20.4	20.4	1035
农业科学领域	1202	2202.7	1696.6	65507.9
农学	800	1377.9	1084.8	36213.5
林学	86	203.4	173.6	8080.6
畜牧、兽医科学	290	532.2	371.2	18966.4
水产学	26	89.2	67	2247.5
医学科学领域	1035	1926.2	1488	18409.6
基础医学	90	95.3	91.5	4154.3
临床医学	356	545.4	416.2	3210.4
预防医学与公共卫生学	42	69.7	53.2	1187.6
药学	31	61.1	50	568.1
中医学与中药学	516	1154.7	877.1	9289.2

续表

指标	项目（课题）数/项	项目（课题）参加人员折合全时当量/人年		项目（课题）经费内部支出/万元
			研究人员	
工程科学与技术领域	1684	4257	3089. 2	103632. 7
工程与技术科学基础学科	213	351. 6	259. 1	5648. 6
信息与系统科学相关工程与技术	71	279. 5	181. 2	12243
自然科学相关工程与技术	32	82. 5	78. 3	916. 6
测绘科学技术	49	207. 6	127. 4	5306. 4
材料科学	154	306. 1	254. 3	5130. 2
矿山工程技术	9	63. 8	25	2503
机械工程	116	374. 7	301. 6	6043. 5
动力与电气工程	15	44. 1	17	792. 7
能源科学技术	34	122. 4	72. 3	5129. 1
电子与通信技术	140	438. 9	302. 8	6963. 7
计算机科学技术	124	271. 9	176. 2	6862. 6
化学工程	18	40. 3	38. 3	499. 5
产品应用相关工程与技术	20	43. 9	37. 5	446. 7
纺织科学技术	1	0. 2	0. 2	4. 5
食品科学技术	55	183. 3	143	2035. 1
土木建筑工程	91	175. 2	115. 7	4004. 2
水利工程	18	42. 8	27. 9	996. 7
交通运输工程	15	33. 8	28. 2	1626. 6
航空、航天科学技术	16	54. 8	20. 1	1027
环境科学技术及资源科学技术	385	795. 2	638. 2	27412. 7
安全科学技术	33	129. 8	73	455. 7
管理学	75	214. 6	171. 9	7584. 7
社会、人文科学领域	385	713. 2	575. 3	10776. 2
哲学	3	3	2. 5	13
语言学	10	8. 9	7. 7	120. 6
文学	3	1. 4	1. 1	39
艺术学	9	13. 9	13. 3	79. 5
历史学	16	21. 4	10	372. 9
考古学	9	34	32	501. 6
经济学	108	146. 7	140. 6	2073. 4
政治学	12	9. 5	9. 4	80
军事学	1	15	15	1000
社会学	17	15	14. 3	258. 4
民族学与文化学	7	4. 3	4. 2	461
新闻学与传播学	2	5. 4	5. 4	30. 6
图书馆、情报与文献学	58	201. 9	122. 9	1628. 9
教育学	119	217	183. 5	3653. 4
体育科学	4	7. 6	7. 6	291. 7
统计学	7	8. 2	5. 8	172. 3

续表

指标	项目（课题）数/项	项目（课题）参加人员折合全时当量/人年	研究人员	项目（课题）经费内部支出/万元
五、按项目(课题)服务的国民经济行业分				
农、林、牧、渔业	1026	2032.6	1528.6	62960.4
农业	580	1059	844.4	29218.3
林业	55	176.4	146.8	7657.7
畜牧业	264	501	307.2	18229.6
渔业	24	90.4	70.1	2019.1
农、林、牧、渔专业及辅助性活动	103	205.8	160.1	5835.7
采矿业	52	165.2	92.1	5233.3
石油和天然气开采业	17	29.2	25.1	497.1
黑色金属矿采选业	4	26	8	1619.2
有色金属矿采选业	1	2	2	14.7
非金属矿采选业	2	12	12	300
开采专业及辅助性活动	2	1.2	1.2	47.6
其他采矿业	26	94.8	43.8	2754.7
制造业	555	1185.9	970.4	24795.4
农副食品加工业	30	61.9	41	1286.4
食品制造业	21	60.4	42.9	683.2
酒、饮料和精制茶制造业	21	25.7	23.7	312.1
烟草制品业	1	1.1	0.1	51.2
纺织业	1	0.2	0.2	4.5
皮革、毛皮、羽毛及其制品和制鞋业	1	0.1	0.1	6.7
家具制造业	1	0.2	0.2	6.6
造纸和纸制品业	1	2	2	100
文教、工美、体育和娱乐用品制造业	2	4	4	5
化学原料和化学制品制造业	35	57.8	53.8	1422.6
医药制造业	139	162.1	143.4	4605
橡胶和塑料制品业	4	2.1	1.5	72.4
非金属矿物制品业	18	31.5	27	825.2
黑色金属冶炼和压延加工业	1	7	7	185
有色金属冶炼和压延加工业	2	4	4	101.4
金属制品业	6	11	9.8	614.9
通用设备制造业	45	187.5	158.3	4026
专用设备制造业	39	122	103.3	2355.2
汽车制造业	30	84.9	55.2	1072.2
铁路、船舶、航空航天和其他运输设备制造业	16	29.3	28.8	666.6
电气机械和器材制造业	52	113.3	90.3	3171.9
计算机、通信和其他电子设备制造业	42	92	80	1021.8
仪器仪表制造业	42	121.8	90	2092.8
其他制造业	3	2.6	2.4	90
废弃资源综合利用业	1	1.1	1.1	3.8

续表

指标	项目（课题）数/项	项目（课题）参加人员折合全时当量/人年	研究人员	项目（课题）经费内部支出/万元
金属制品、机械和设备修理业	1	0.3	0.3	13
电力、热力、燃气及水生产和供应业	23	108	51.5	4438.2
电力、热力生产和供应业	11	68.1	18.9	3433
燃气生产和供应业	3	18.5	16.9	40.2
水的生产和供应业	9	21.4	15.7	965
建筑业	84	131.9	114.6	2932.5
房屋建筑业	30	55	45	725.1
土木工程建筑业	54	76.9	69.6	2207.4
交通运输、仓储和邮政业	14	30.3	17.3	656.6
铁路运输业	2	3	1.5	32
道路运输业	7	5.8	5.6	79.1
航空运输业	1	0.9	0.6	20.5
多式联运和运输代理业	3	10.6	7.6	481.4
装卸搬运和仓储业	1	10	2	43.6
住宿和餐饮业	2	1.6	0.7	60
住宿业	1	0.5	0.3	15
餐饮业	1	1.1	0.4	45
信息传输、软件和信息技术服务业	124	471.4	322.3	17327.7
电信、广播电视和卫星传输服务	7	26.9	17.6	868.1
互联网和相关服务	22	144.3	125.7	8538
软件和信息技术服务业	95	300.2	179	7921.6
金融业	19	40.2	39.2	196.1
货币金融服务	6	5.2	4.2	31.7
资本市场服务	1	2	2	10
保险业	1	2	2	10
其他金融业	11	31	31	144.4
房地产业				
房地产业				
租赁和商务服务业	18	33.5	26.5	317.5
商务服务业	18	33.5	26.5	317.5
科学研究和技术服务业	1231	3010.1	2265.7	55362.5
研究和试验发展	527	1032	791.7	18864.2
专业技术服务业	602	1685.8	1279.5	32442.3
科技推广和应用服务业	102	292.3	194.5	4056
水利、环境和公共设施管理业	385	753	563	23552.7
水利管理业	19	40.3	24.2	1014.3
生态保护和环境治理业	275	562.4	428.6	19518.8
公共设施管理业	59	44.2	38.9	569.2
土地管理业	32	106.1	71.3	2450.4
居民服务、修理和其他服务业	3	1.8	1.4	19.9

续表

指标	项目（课题）数/项	项目（课题）参加人员折合全时当量/人年		项目（课题）经费内部支出/万元
			研究人员	
居民服务业	2	1.6	1.3	11.6
其他服务业	1	0.2	0.1	8.3
教育	178	268.5	229	5212.9
教育	178	268.5	229	5212.9
卫生和社会工作	854	1623.5	1233.2	12352.7
卫生	854	1623.5	1233.2	12352.7
社会工作				
文化、体育和娱乐业	67	122.7	77.8	3151.8
新闻和出版业	1	0.6	0.6	3
文化艺术业	65	121.6	76.9	3130.8
娱乐业	1	0.5	0.3	18
公共管理、社会保障和社会组织	135	228.5	153.5	8449.4
中国共产党机关	12	11.2	11.2	69
国家机构	114	210.3	137.7	8123.4
人民政协、民主党派				
社会保障	6	2.6	2.2	23
群众团体、社会团体和其他成员组织	3	4.4	2.4	234
基层群众自治组织及其他组织				
国际组织				
国际组织				
六、按项目（课题）社会经济目标分				
环境保护、生态建设及污染防治	518	1142.9	894.9	35032.9
能源生产、分配和合理利用	117	377.2	230.2	10388.3
卫生事业发展	1029	1934.7	1497.9	20093.5
教育事业发展	172	252.5	216.9	4721.2
基础设施以及城市和农村规划	168	399.6	312.9	7983.8
基础社会发展和社会服务	574	1250	877.5	29311
地球和大气层的探索与利用	85	248.3	192.8	4518.1
民用空间探测及开发	23	60	51.9	683.3
农林牧渔业发展	1180	2142.4	1664.5	62373.9
工商业发展	649	1698.1	1259.3	33583.1
非定向研究	130	161	126.5	2815.5
其他民用目标	83	386.2	275.4	9069.3
国防	42	155.8	86.1	6445.3
七、按隶属关系分				
中央部门属	561	637.5	534	17642
地方部门属	4209	9571.2	7152.8	209377.4
八、按机构从事的国民经济行业分				
科学研究和技术服务业	4770	10208.7	7686.8	227019.4
研究和试验发展	3759	6701.8	5011.1	114545.6

续表

指标	项目（课题）数/项	项目（课题）参加人员折合全时当量/人年	研究人员	项目（课题）经费内部支出/万元
专业技术服务业	601	1966.7	1487.1	54703.1
科技推广和应用服务业	410	1540.2	1188.6	57770.7
九、按地域分				
渝中区	40	146	127	716.3
大渡口区				
江北区	619	1578.2	1164.3	16760.9
沙坪坝区	352	556	420.6	5724.3
九龙坡区	530	627	500.9	14851.5
南岸区	200	260.9	186.6	5654.4
北碚区	618	1086.4	824.8	35746.2
渝北区	1134	2727.7	1988.9	38708.8
巴南区	31	66.2	51.2	3181.1
涪陵区	118	313.6	207.8	6357.1
长寿区	6	33	33	520.4
江津区	8	38	38	664
合川区	28	129	89	2931.9
永川区	41	167.5	97.7	6489.4
南川区	131	152.2	144.1	2867.8
綦江区	61	211	202	5252.8
潼南区	87	190.4	180.7	5129.9
铜梁区	51	259.5	223.8	17240.5
大足区	93	294.4	213.4	12715.4
荣昌区	250	233	159.6	7538.2
璧山区	16	170.1	116.2	10534.3
万州区	126	314.7	191.2	4992.3
梁平区	8	18	18	644.5
城口县	7	40	26	1512.4
丰都县	4	24	24	396
垫江县	9	34	16	1737.3
忠　县	7	26.5	16.5	521
开州区	1	8	8	102
云阳县	8	110	105	3204.3
奉节县	10	29.2	27.2	452.6
巫山县	9	38	36	460.3
巫溪县				
黔江区	20	56.6	50.6	1187
武隆区	23	62.9	37.7	3684.6
石柱土家族自治县	34	109.2	86.4	5171.9
秀山土家族苗族自治县				
酉阳土家族苗族自治县	90	97.5	74.6	3368.2
彭水苗族土家族自治县				

5-6　研究与开发机构研究机构情况（2021 年）

指标	机构数/个	R&D 人员/人	博士毕业	硕士毕业	R&D 经费支出/万元	科研用仪器设备原价/万元	进口
总计	73	9840	1301	3348	324994.2	335500.3	112219.6
一、按学科分类分							
自然科学	7	339	133	90	8617.1	6691.5	45
农业科学	13	1432	113	508	86759.9	42230.9	6062.6
医学科学	12	3329	374	1059	86803.1	111632.3	49839.3
工程与技术科学	26	3946	642	1442	118916	165671.5	54492.9
人文与社会科学	15	794	39	249	23898.1	9274.1	1779.8
二、按机构服务的国民经济行业分							
农、林、牧、渔业	11	1448	99	530	87404.2	42283.4	6386.4
农业	3	317	8	101	11910.6	4167	994.8
林业	1	135	7	41	5441.1	2073.5	
畜牧业	4	496	33	154	34910.1	18825.4	2363.6
渔业	1	46	2	9	1314.9	896.1	
农、林、牧、渔专业及辅助性活动	2	454	49	225	33827.5	16321.4	3028
制造业	11	1000	199	248	38583.3	20630.9	12994.2
酒、饮料和精制茶制造业	1					48	
医药制造业	2	240	65	69	24617.2	16599.3	12994.2
通用设备制造业	1	162	32	60	2117.8	540.1	
专用设备制造业	1	138	12	43	6051.3	677.8	
汽车制造业	1	111	49	22	500	23.3	
计算机、通信和其他电子设备制造业	5	349	41	54	5297	2742.4	
科学研究和技术服务业	35	4200	689	1569	125845.7	203311.9	71803.9
研究和试验发展	20	1876	514	656	65311.3	57320.1	13604.6
专业技术服务业	10	1359	75	609	42675.6	132353.4	55813.3
科技推广和应用服务业	5	965	100	304	17858.8	13638.4	2386
水利、环境和公共设施管理业	2	182	23	79	10346.4	9224.1	4399.1
生态保护和环境治理业	1	113	14	60	6594.6	7500	3915.7
公共设施管理业	1	69	9	19	3751.8	1724.1	483.4
教育	7	322	9	71	8929.1	784.3	
教育	7	322	9	71	8929.1	784.3	
卫生和社会工作	3	2516	279	801	47461.2	55068.8	14856.2
卫生	3	2516	279	801	47461.2	55068.8	14856.2
社会工作							

续表

指标	机构数/个	R&D 人员/人	博士毕业	硕士毕业	R&D 经费支出/万元	科研用仪器设备原价/万元	进口
文化、体育和娱乐业	3	169	3	48	5991.8	4195.7	1779.8
文化艺术业	2	169	3	48	5991.8	2672.8	1779.8
体育	1					1522.9	
公共管理、社会保障和社会组织	1	3		2	432.5	1.2	
群众团体、社会团体和其他成员组织	1	3		2	432.5	1.2	
三、按机构组成类型分							
政府部门办	65	9727	1273	3321	322755.9	333092.6	112174.6
其他	8	113	28	27	2238.3	2407.7	45
四、按隶属关系分							
中央部门属	1	658	186	231	19480.6	32178.7	13538.9
地方部门属	72	9182	1115	3117	305513.6	303321.6	98680.7
五、按机构从事的国民经济行业分							
科学研究和技术服务业	73	9840	1301	3348	324994.2	335500.3	112219.6
研究和试验发展	73	9840	1301	3348	324994.2	335500.3	112219.6
六、按地域分							
渝中区	4	229	10	78	7408.1	3151.3	353.4
大渡口区							
江北区	4	2296	146	767	35225.6	25830.8	5103
沙坪坝区	7	649	195	149	25067.7	28269.5	9723.8
九龙坡区	6	706	82	307	48268	20584.1	3511.4
南岸区	3	390	41	88	17076.9	9309.9	3781.3
北碚区	4	1077	223	309	32414.4	36268.3	13538.9
渝北区	19	3156	490	1270	91548.6	157838.3	51458.5
巴南区	2	79	36	31	11611.3	10048.3	9212.9
涪陵区	3	188	3	33	5710.5	8471.9	4450
长寿区							
江津区							
合川区	1	9		3	325.7	53.8	
永川区	1	26		6	562.2	12.5	
南川区	3	162	15	63	5288	3135.3	852.2
綦江区	2	32	1	3	955.8	133.6	
潼南区	1	66		8	1115	30	
铜梁区	2	46	4	8	1673.6	800.6	
大足区	1	80	2	21	2201	1546.5	1426.4

续表

指标	机构数/个	R&D 人员/人	博士毕业	硕士毕业	R&D 经费支出/万元	科研用仪器设备原价/万元	进口
荣昌区	1	313	29	139	28157.6	17559.6	2363.6
璧山区	2	63	22	12	2250.1	95.2	
万州区	3	215	2	46	6039.8	7931.7	5876.1
梁平区							
城口县	1	6			301.9	214.2	
丰都县							
垫江县							
忠　县							
开州区							
云阳县							
奉节县							
巫山县							
巫溪县							
黔江区	1	20		5	509	4213.7	568.1
武隆区							
石柱土家族自治县	1	3		2	432.5	1.2	
秀山土家族苗族自治县							
酉阳土家族苗族自治县	1	29			850.9		
彭水苗族土家族自治县							

六、高等学校

说明：本章数据源于重庆市教育委员会组织的年度高等学校调查，包含 68 所理工农医类学校和 67 所社会人文类学校，其中综合类院校对理工农医和社会人文学科分别调查。

6-1 高等学校科技活动情况（2013—2021 年）

指标名称	2013年	2014年	2015年	2016年	2017年	2018年	2019年	2020年	2021年
高等学校基本情况									
#理工农医	39	37	52	58	59	60	61	57	68
社会人文	48	56	62	64	65	65	65	65	67
研究与试验发展(R&D)投入情况									
R&D 人员/万人	1.72	1.73	2.0	2.1	2.5	2.7	3.1	3.3	3.9
R&D 人员全时当量/人年	6868	6912	7815	8516	9589	10033	12120	12643	14918
#基础研究	2976	3177	3400	3344	3692	3907	5219	5153	6253
应用研究	3327	3332	3991	4394	4992	5107	5749	6672	7585
试验发展	565	403	424	778	905	1019	1153	817	1080
R&D 经费内部支出/亿元	17.5	16.8	19.0	26.5	34.1	39.6	46.2	48.5	58.9
#基础研究	5.93	5.82	6.9	9.4	11.4	13.0	19.2	15.7	21.3
应用研究	7.98	9.42	10.3	13.9	17.1	20.9	20.3	26.3	30.8
试验发展	3.62	1.60	1.7	3.3	5.6	5.8	6.8	6.5	6.7
#政府资金	8.20	8.16	10.4	13.1	16.1	20.3	23.2	22.3	27.3
企业资金	7.31	6.56	6.4	7.3	9.7	11.5	11.9	22.0	21.7
研究与试验发展(R&D)项目(课题)情况									
R&D 项目(课题)/数·项$^{-1}$	17017	18417	20651	23569	25653	28772	32811	33263	37486
R&D 项目(课题)人员全时当量/人年	6862	6909	7807	8512	9585	10019	12111	12634	14920
R&D 项目(课题)经费内部支出/万元	14.19	14.29	14.66	18.07	20.3	24.57	22.99	21.5	28.0
科技产出及成果情况									
发表科技论文/篇	29645	31641	30373	32273	32854	33866	38089	36606	39984
出版科技著作/种	1092	1106	1288	1273	1444	1603	1623	1487	1512
专利申请数/件	2427	2777	4088	5115	5908	7030	6920	10513	8180
#发明专利	1499	1696	2085	2572	2788	3752	4711	6113	5235
专利授权数/件	1729	1748	3193	3704	4655	4712	6655	8352	8798
#发明专利	822	775	1129	1353	1776	1738	2623	2917	3335

6-2　高等学校 R&D 人员（2021 年）

指标名称	从业人员/人	R&D 人员合计/人	#女性	#研究人员	#全时人员	非全时人员	#博士毕业	硕士毕业	本科毕业	其他学历	R&D 人员折合全时当量/人年	#研究人员	#基础研究	应用研究	试验发展
总计	61984	38505	14231	30813	11595	26910	13423	14886	9654	542	14918	12728	6253	7585	1080
一、按隶属关系分															
中央属	13152	8158	2006	7262	3520	4638	4504	2397	1215	42	4145	3811	2077	1807	262
地方属	48832	30347	12225	23551	8075	22272	8919	12489	8439	500	10773	8918	4177	5779	818
二、按地区分															
渝中区	6483	2545	1254	1609	1992	553	659	603	1084	199	1726	1104	1277	360	89
大渡口区															
江北区	347	74	36	59	27	47	3	38	30	3	27	21	6	21	1
沙坪坝区	14430	11285	3796	9549	3276	8009	4571	4395	2275	44	4759	4303	1780	2577	402
九龙坡区	1075	403	257	326	32	371	16	298	88	1	99	78	27	72	1
南岸区	8555	7082	2512	5994	1835	5247	2990	2708	1369	15	2413	2110	966	1319	128
北碚区	6659	4103	1254	3884	1587	2516	2533	1190	365	15	1789	1709	1044	734	10
渝北区	2527	3715	860	1954	227	3488	898	924	1890	3	741	549	185	554	1
巴南区	3548	2280	955	1696	614	1666	608	1021	647	4	870	719	211	413	246
涪陵区	1777	1551	714	1311	387	1164	527	685	216	123	533	472	281	215	38
长寿区	409	95	49	80	26	69	7	60	26	2	29	27	7	22	
江津区	2648	836	395	623	232	604	37	544	250	5	259	222	57	186	17
合川区	2553	448	250	369	129	319	19	342	86	1	163	135	23	138	4
永川区	4141	1811	878	1533	510	1301	338	977	421	75	663	569	155	490	18
南川区															
綦江区															
潼南区															

续表

指标名称	从业人员/人	R&D 人员合计/人									R&D人员折合全时当量/人年				
			#女性	#研究人员	#全时人员	非全时人员	#博士毕业	硕士毕业	本科毕业	其他学历		#研究人员	#基础研究	应用研究	试验发展
铜梁区	220	53	26	44		53	1	21	29	2	9	7	3	6	
大足区	388	183	98	67	5	178	5	33	140	5	27	12	9	18	
荣昌区															
璧山区	416	66	34	54	24	42	3	33	28	2	25	21	10	16	
万州区	5562	1844	800	1549	676	1168	199	931	673	41	760	644	203	432	126
梁平区															
城口县															
丰都县															
垫江县															
忠　县															
开州区															
云阳县															
奉节县															
巫山县															
巫溪县															
黔江区	246	131	63	112	16	115	9	83	37	2	29	25	11	18	
武隆区															
石柱土家族自治县															
秀山土家族苗族自治县															
酉阳土家族苗族自治县															
彭水苗族土家族自治县															
其他															

6-3 理工农医类高等学校 R&D 人员（2021 年）

指标名称	单位数/个	#有 R&D 活动的单位数	从业人员/人	R&D人员合计/人	#女性	#研究人员	#全时人员	非全时人员	#博士毕业	硕士毕业	本科毕业	其他学历	R&D人员折合全时当量/人年	#研究人员	#基础研究	应用研究	试验发展
总计	68	68	36939	14059	4127	12111	11478	2581	5814	4469	3447	329	9764	8465	4609	4075	1080
一、按隶属关系分																	
中央属	3	3	10580	4066	827	3785	3437	629	2520	1019	503	24	3017	2830	1717	1039	262
地方属	65	65	26359	9993	3300	8326	8041	1952	3294	3450	2944	305	6747	5636	2893	3037	818
二、按地区分																	
渝中区	5	5	6261	2443	1191	1510	1992	451	638	537	1069	199	1691	1070	1266	336	89
大渡口区																	
江北区	1	1	177	33	8	26	27	6	3	10	17	3	22	17	4	17	1
沙坪坝区	10	10	8172	3889	844	3629	3217	672	2126	1123	637	3	2768	2594	1145	1221	402
九龙坡区	2	2	322	40	15	29	32	8	4	20	16		26	19	4	22	1
南岸区	5	5	4876	2260	472	2026	1822	438	1014	799	447		1530	1374	684	718	128
北碚区	2	2	4827	1848	424	1753	1557	291	1092	565	191		1364	1300	908	445	10
渝北区	3	3	500	275	84	263	221	54	72	115	88		185	177	8	176	1
巴南区	3	3	1771	764	288	679	610	154	328	286	150		509	452	96	167	246
涪陵区	2	2	776	481	163	437	384	97	213	137	89	42	321	291	213	70	38
长寿区	1	1	285	33	5	33	26	7	3	20	10		22	22	5	17	
江津区	5	5	1515	290	41	266	232	58	30	148	112		194	177	36	141	17
合川区	6	6	767	163	63	137	129	34	16	110	36	1	108	91	5	100	4
永川区	7	7	2400	637	224	552	508	129	170	223	192	52	424	368	79	327	18
南川区																	
綦江区																	
潼南区																	

续表

指标名称	单位数/个	#有 R&D 活动的单位数	从业人员/人	R&D 人员合计/人	#女性	#研究人员	#全时人员	非全时人员	#博士毕业	硕士毕业	本科毕业	其他学历	R&D 人员折合全时当量/人年	#研究人员	#基础研究	应用研究	试验发展
铜梁区																	
大足区	2	2	67	7	4	5	5	2			6	1	5	3	2	3	
荣昌区																	
璧山区	2	2	270	31	14	25	24	7	3	15	12	1	20	17	8	13	
万州区	10	10	3880	846	278	724	676	170	100	352	367	27	564	482	140	298	126
梁平区																	
城口县																	
丰都县																	
垫江县																	
忠　县																	
开州区																	
云阳县																	
奉节县																	
巫山县																	
巫溪县																	
黔江区	2	2	73	19	9	17	16	3	2	9	8		13	11	6	7	
武隆区																	
石柱土家族自治县																	
秀山土家族苗族自治县																	
酉阳土家族苗族自治县																	
彭水苗族土家族自治县																	
其他																	

6-4 社会人文类高等学校 R&D 人员（2021 年）

指标名称	单位数/个	#有 R&D 活动的单位数	从业人员/人	R&D 人员合计/人								R&D 人员折合全时当量/人年				
					#女性	#研究人员	#全时人员	非全时人员	#博士毕业	硕士毕业	本科毕业	其他学历		#研究人员	#基础研究	应用研究	试验发展
总计	67	67	25045	24446	10104	18702	117	24329	7609	10417	6207	213	5154	4263	1644	3510	
一、按隶属关系分																	
中央属	2	2	2572	4092	1179	3477	83	4009	1984	1378	712	18	1128	981	360	768	
地方属	65	65	22473	20354	8925	15225	34	20320	5625	9039	5495	195	4026	3282	1284	2742	
二、按地区分																	
渝中区	1	1	222	102	63	99		102	21	66	15		35	34	11	24	
大渡口区																	
江北区	1	1	170	41	28	33		41		28	13		5	4	2	4	
沙坪坝区	11	11	6258	7396	2952	5920	59	7337	2445	3272	1638	41	1991	1709	635	1356	
九龙坡区	3	3	753	363	242	297		363	12	278	72	1	73	59	23	50	
南岸区	5	5	3679	4822	2040	3968	13	4809	1976	1909	922	15	883	736	282	601	
北碚区	2	2	1832	2255	830	2131	30	2225	1441	625	174	15	425	409	136	289	
渝北区	4	4	2027	3440	776	1691	6	3434	826	809	1802	3	556	372	177	378	
巴南区	5	5	1777	1516	667	1017	4	1512	280	735	497	4	361	267	115	246	
涪陵区	2	2	1001	1070	551	874	3	1067	314	548	127	81	212	181	68	145	
长寿区	1	1	124	62	44	47		62	4	40	16	2	7	5	2	5	
江津区	5	5	1133	546	354	357		546	7	396	138	5	65	45	21	45	
合川区	5	5	1786	285	187	232		285	3	232	50		55	44	18	38	
永川区	7	7	1741	1174	654	981	2	1172	168	754	229	23	239	201	76	163	
南川区																	
綦江区																	
潼南区																	

续表

指标名称	单位数/个	#有 R&D 活动的单位数	从业人员/人	R&D 人员合计/人	#女性	#研究人员	#全时人员	非全时人员	#博士毕业	硕士毕业	本科毕业	其他学历	R&D 人员折合全时当量/人年	#研究人员	#基础研究	应用研究	试验发展
铜梁区	2	2	220	53	26	44		53	1	21	29	2	9	7	3	6	
大足区	3	3	321	176	94	62		176	5	33	134	4	22	9	7	15	
荣昌区																	
璧山区	2	2	146	35	20	29		35		18	16	1	5	4	2	3	
万州区	6	6	1682	998	522	825		998	99	579	306	14	196	162	63	134	
梁平区																	
城口县																	
丰都县																	
垫江县																	
忠　县																	
开州区																	
云阳县																	
奉节县																	
巫山县																	
巫溪县																	
黔江区	2	2	173	112	54	95		112	7	74	29	2	16	14	5	11	
武隆区																	
石柱土家族自治县																	
秀山土家族苗族自治县																	
酉阳土家族苗族自治县																	
彭水苗族土家族自治县																	
其他																	

6-5 高等学校 R&D 经费内部支出（2021 年）

单位：万元

指标名称	R&D经费内部支出	#基础研究	应用研究	试验发展	#日常性支出	人员劳务费	资产性支出	仪器设备费	#政府资金	企业资金	境外资金	其他资金	R&D经费外部支出	对国内研究机构支出	对国内高等学校支出	对国内企业支出	对境外机构支出
总计	588804	213282	308365	67157	474814	152640	113990	67840	273077	217415	476	97836	19653	9488	7962	2069	2
一、按隶属关系分																	
中央属	234041	88155	124789	21097	211037	68797	23005	16287	112408	80022	110	41501	16296	8698	6781	726	
地方属	354763	125126	183576	46060	263777	83845	90986	51553	160668	137393	366	56335	3357	790	1181	1343	2
二、按地区分																	
渝中区	58039	45973	9885	2182	34424	12602	23615	12127	42929	8306		6804	420	128	292		
大渡口区																	
江北区	3544	489	2958	97	1696	668	1848	75	1395	2030		119					
沙坪坝区	238585	82900	133081	22605	214738	71503	23847	17659	97468	101590	101	39426	8285	3643	4356	245	2
九龙坡区	1651	39	1589	23	1476	604	175	155	726	703		223					
南岸区	95497	26631	59337	9529	69634	22510	25863	16803	39504	38981	366	16648	2181	492	662	1027	
北碚区	64072	31702	31828	542	53643	14733	10430	4524	39561	16010	9	8492	8522	5200	2505	726	
渝北区	11594	3796	7789	7	10612	3475	982	894	8188	2396		1010					
巴南区	31622	3217	10663	17742	27157	7928	4467	2310	9380	17562		4680	77	26	14	37	
涪陵区	12655	4707	6211	1738	11012	3491	1643	1200	6168	6108		379					
长寿区	531	115	417	0	514	276	18	18	389	126		17					
江津区	6034	557	5111	366	4403	1364	1631	1221	1369	3721		943					
合川区	2408	152	2251	5	1687	720	721	721	1531	450		427	1		1		
永川区	23142	4991	17166	985	15570	5173	7572	4186	11089	8280		3772	64		47	16	
南川区																	
綦江区																	
潼南区																	

续表

指标名称	R&D经费内部支出	#基础研究	应用研究	试验发展	#日常性支出	人员劳务费	资产性支出	仪器设备费	#政府资金	企业资金	境外资金	其他资金	R&D经费外部支出	对国内研究机构支出	对国内高等学校支出	对国内企业支出	对境外机构支出
铜梁区	549	304	244		194	51	355	320	186	16		346					
大足区	329	98	232		241	193	88	88	274			55					
荣昌区																	
璧山区	266	107	159		215	106	51	51	230	16		20					
万州区	37478	7230	18912	11336	27212	7054	10266	5067	12508	10653		14318	102		84	18	
梁平区																	
城口县																	
丰都县																	
垫江县																	
忠　县																	
开州区																	
云阳县																	
奉节县																	
巫山县																	
巫溪县																	
黔江区	807	272	535		386	190	421	421	181	469		159					
武隆区																	
石柱土家族自治县																	
秀山土家族苗族自治县																	
酉阳土家族苗族自治县																	
彭水苗族土家族自治县																	
其他																	

6-6 理工农医类高等学校 R&D 经费内部支出（2021 年）

单位：万元

指标名称	R&D经费内部支出	#基础研究	应用研究	试验发展	#日常性支出	人员劳务费	资产性支出	仪器设备费	#政府资金	企业资金	境外资金	其他资金	R&D经费外部支出	对国内研究机构支出	对国内高等学校支出	对国内企业支出	对境外机构支出
总计	477853	185457	225239	67157	369437	119668	108416	62321	214404	172397	467	90585	19493	9488	7956	2047	2
一、按隶属关系分																	
中央属	197172	83773	92302	21097	177621	60667	19552	12834	95694	59877	101	41501	16205	8698	6781	726	
地方属	280681	101683	132937	46060	191816	59002	88865	49487	118710	112520	366	49084	3288	790	1175	1321	2
二、按地区分																	
渝中区	57556	45686	9689	2182	33949	12386	23607	12119	42472	8306		6778	420	128	292		
大渡口区																	
江北区	3495	479	2919	97	1653	637	1842	69	1348	2030		117					
沙坪坝区	188576	69212	96760	22605	168411	59629	20165	13977	75227	75901	101	37347	8232	3643	4350	238	2
九龙坡区	614	26	564	23	515	140	99	99	64	463		87					
南岸区	78921	24136	45256	9529	53190	17303	25731	16671	28711	35368	366	14477	2166	492	662	1012	
北碚区	50824	27797	22485	542	40536	9536	10289	4383	32105	10351		8369	8430	5200	2505	726	
渝北区	3260	91	3161	7	2677	739	583	495	1737	1065		458					
巴南区	26414	2034	6638	17742	22049	5960	4366	2209	6919	15649		3846	77	26	14	37	
涪陵区	7060	4018	1304	1738	5722	2337	1338	895	4175	2525		360					
长寿区	445	98	348		428	229	18	18	311	123		11					
江津区	5301	506	4429	366	3694	976	1607	1197	953	3544		803					
合川区	1845	26	1814	5	1124	459	721	721	1130	450		265	1		1		
永川区	18432	4400	13047	985	11161	3249	7271	3885	8401	6738		3293	64		47	16	
南川区																	
綦江区																	
潼南区																	

续表

指标名称	R&D经费内部支出	#基础研究	应用研究	试验发展	#日常性支出	人员劳务费	资产性支出	仪器设备费	#政府资金	企业资金	境外资金	其他资金	R&D经费外部支出	对国内研究机构支出	对国内高等学校支出	对国内企业支出	对境外机构支出
铜梁区																	
大足区	219	85	135		131	124	88	88	219								
荣昌区																	
璧山区	229	86	143		178	77	51	51	212	16							
万州区	34058	6642	16079	11336	23836	5789	10222	5023	10367	9447		14244	102		84	18	
梁平区																	
城口县																	
丰都县																	
垫江县																	
忠　县																	
开州区																	
云阳县																	
奉节县																	
巫山县																	
巫溪县																	
黔江区	604	134	470		183	98	421	421	52	423		130					
武隆区																	
石柱土家族自治县																	
秀山土家族苗族自治县																	
酉阳土家族苗族自治县																	
彭水苗族土家族自治县																	
其他																	

6-7 社会人文类高等学校 R&D 经费内部支出（2021 年）

单位：万元

指标名称	R&D经费内部支出	#基础研究	应用研究	试验发展	#日常性支出	人员劳务费	资产性支出	仪器设备费	#政府资金	企业资金	境外资金	其他资金	R&D经费外部支出	对国内研究机构支出	对国内高等学校支出	对国内企业支出	对境外机构支出
总计	110951	27825	83126		105377	32972	5574	5519	58673	45018	9	7251	160		6	22	
一、按隶属关系分																	
中央属	36869	4382	32487		33416	8130	3453	3453	16714	20145	9		91				
地方属	74082	23443	50639		71961	24843	2121	2066	41958	24873		7251	69		6	22	
二、按地区分																	
渝中区	483	287	196		475	216	8	8	457			26					
大渡口区																	
江北区	49	10	39		43	31	6	6	47			2					
沙坪坝区	50009	13688	36321		46327	11874	3682	3682	22241	25689		2079	53		6	7	
九龙坡区	1037	13	1025		961	464	76	56	662	240		136					
南岸区	16576	2495	14081		16444	5207	132	132	10793	3613		2171	15			15	
北碚区	13248	3905	9343		13107	5197	141	141	7456	5659	9	123	92				
渝北区	8334	3705	4628		7935	2736	399	399	6451	1331		552					
巴南区	5208	1183	4025		5108	1968	101	101	2461	1913		834					
涪陵区	5595	689	4907		5290	1154	305	305	1993	3583		19					
长寿区	86	17	69		86	47			78	3		6					
江津区	733	51	682		709	388	24	24	416	177		140					
合川区	563	126	437		563	261			401			162					
永川区	4710	591	4119		4409	1924	301	301	2688	1542		479					
南川区																	
綦江区																	
潼南区																	

续表

指标名称	R&D经费内部支出	#基础研究	应用研究	试验发展	#日常性支出	人员劳务费	资产性支出	仪器设备费	#政府资金	企业资金	境外资金	其他资金	R&D经费外部支出	对国内研究机构支出	对国内高等学校支出	对国内企业支出	对境外机构支出
铜梁区	549	304	244		194	51	355	320	186	16		346					
大足区	110	13	97		110	69			55			55					
荣昌区																	
璧山区	37	21	16		37	29			18			20					
万州区	3420	588	2833		3376	1265	44	44	2141	1206		74					
梁平区																	
城口县																	
丰都县																	
垫江县																	
忠　县																	
开州区																	
云阳县																	
奉节县																	
巫山县																	
巫溪县																	
黔江区	203	138	65		203	92			129	46		29					
武隆区																	
石柱土家族自治县																	
秀山土家族苗族自治县																	
酉阳土家族苗族自治县																	
彭水苗族土家族自治县																	
其他																	

6-8 高等学校 R&D 活动产出（2021 年）

指标名称	专利申请数/件	发明专利	专利授权数/件	发明专利	拥有有效发明专利数/件	专利所有权转让及许可数/件	专利所有权转让及许可收入/万元	集成电路布图设计登记数/件	植物新品种权授予数/项	形成国家或行业技术标准数/项	发表科技论文数/篇	国外发表	出版科技著作/种
总计	8180	5235	8798	3335	12573	513	2932		12	8	39984	15569	1512
一、按隶属关系分													
中央属	1972	1747	1687	1242	5489	77	1029		3	1	15386	9487	218
地方属	6208	3488	7111	2093	7084	436	1903		9	7	24598	6082	1294
二、按地区分													
渝中区	373	178	442	98	247	2	351				4636	1995	25
大渡口区													
江北区	69	15	87	5	10	4	2				99	1	9
沙坪坝区	2614	1924	2515	1318	5532	118	1097			6	14579	7915	446
九龙坡区	63	19	28		40						341	1	11
南岸区	1805	1600	1334	911	3311	255	873				5028	1842	232
北碚区	446	292	372	224	1033	13	216		3	1	4569	2561	170
渝北区	172	97	309	71	189	6					1701	57	159
巴南区	342	248	304	189	604	45	41				1779	340	56
涪陵区	23	4	216	130	703				9		1086	251	37
长寿区	73		242	18	38						251	20	18
江津区	775	464	1133	164	332	17	59				1301	92	78
合川区	78	19	129	32	106	19	166				719	29	70
永川区	862	245	1027	102	273	18	42				1600	404	105
南川区													
綦江区													
潼南区													

续表

指标名称	专利申请数/件	发明专利	专利授权数/件	发明专利	拥有有效发明专利数/件	专利所有权转让及许可数/件	专利所有权转让及许可收入/万元	集成电路布图设计登记数/件	植物新品种权授予数/项	形成国家或行业技术标准数/项	发表科技论文数/篇	国外发表	出版科技著作/种
铜梁区	9	7	5	3	3	5				1	51		
大足区	7	1	9	1	1						37		7
荣昌区													
璧山区	22	4	56		1						80		4
万州区	337	118	500	69	150	11	86				2002	58	77
梁平区													
城口县													
丰都县													
垫江县													
忠　县													
开州区													
云阳县													
奉节县													
巫山县													
巫溪县													
黔江区	111		90								125	3	8
武隆区													
石柱土家族自治县													
秀山土家族苗族自治县													
酉阳土家族苗族自治县													
彭水苗族土家族自治县													
其他													

6-9 理工农医类高等学校 R&D 活动产出（2021 年）

指标名称	专利申请数/件	发明专利	专利授权数/件	发明专利	拥有有效发明专利数/件	专利所有权转让及许可数/件	专利所有权转让及许可收入/万元	集成电路布图设计登记数/件	植物新品种权授予数/项	形成国家或行业技术标准数/项	发表科技论文数/篇	国外发表	出版科技著作/种
总计	8001	5225	8716	3332	12570	503	2921		12	5	27922	14903	503
一、按隶属关系分													
中央属	1972	1747	1687	1242	5489	77	1029		3	1	12758	9056	35
地方属	6029	3478	7029	2090	7081	426	1892		9	4	15164	5847	468
二、按地区分													
渝中区	373	178	442	98	247	2	351				4495	1995	22
大渡口区													
江北区	59	15	87	5	10	4	2				84		4
沙坪坝区	2598	1924	2505	1318	5532	117	1087			4	11400	7610	134
九龙坡区	63	19	28		40						55	1	4
南岸区	1805	1600	1334	911	3311	255	873				3444	1800	56
北碚区	427	292	372	224	1033	13	216		3	1	2884	2317	18
渝北区	169	94	306	71	189	6					258	28	22
巴南区	340	248	304	189	604	45	41				1093	333	20
涪陵区	23	4	216	130	703				9		621	239	14
长寿区	73		242	18	38						104	20	16
江津区	767	464	1125	164	332	17	59				957	92	68
合川区	69	19	121	32	106	19	166				261	21	20
永川区	854	245	1019	102	273	14	41				810	394	42
南川区													
綦江区													
潼南区													

续表

指标名称	专利申请数/件	发明专利	专利授权数/件	发明专利	拥有有效发明专利数/件	专利所有权转让及许可数/件	专利所有权转让及许可收入/万元	集成电路布图设计登记数/件	植物新品种权授予数/项	形成国家或行业技术标准数/项	发表科技论文数/篇	国外发表	出版科技著作/种
铜梁区													
大足区	7	1	9	1	1						4		5
荣昌区													
璧山区	22	4	56		1						44		3
万州区	332	118	498	69	150	11	86				1377	53	53
梁平区													
城口县													
丰都县													
垫江县													
忠　县													
开州区													
云阳县													
奉节县													
巫山县													
巫溪县													
黔江区	20		52								31		2
武隆区													
石柱土家族自治县													
秀山土家族苗族自治县													
酉阳土家族苗族自治县													
彭水苗族土家族自治县													
其他													

6-10 社会人文类高等学校 R&D 活动产出（2021 年）

指标名称	专利申请数/件	发明专利	专利授权数/件	发明专利	拥有有效发明专利数/件	专利所有权转让及许可数/件	专利所有权转让及许可收入/万元	集成电路布图设计登记数/件	植物新品种权授予数/项	形成国家或行业技术标准数/项	发表科技论文数/篇	国外发表	出版科技著作/种
总计	179	10	82	3	3	10	11			3	12062	666	1009
一、按隶属关系分													
中央属		2628	431	183									
地方属	179	10	82	3	3	10	11			3	9434	235	826
二、按地区分													
渝中区		141		3									
大渡口区													
江北区	10	15	1	5									
沙坪坝区	16		10			1	10			2	3179	305	312
九龙坡区		286		7									
南岸区		1584	42	176									
北碚区	19	1685	244	152									
渝北区	3	3	3								1443	29	137
巴南区	2	686	7	36									
涪陵区		465	12	23									
长寿区		147		2									
江津区	8		8								344		10
合川区	8		8								458	8	50
永川区	8		8			4	1				790	10	63
南川区													
綦江区													
潼南区													

续表

指标名称	专利申请数/件	发明专利	专利授权数/件	发明专利	拥有有效发明专利数/件	专利所有权转让及许可数/件	专利所有权转让及许可收入/万元	集成电路布图设计登记数/件	植物新品种权授予数/项	形成国家或行业技术标准数/项	发表科技论文数/篇	国外发表	出版科技著作/种
铜梁区	9	7	5	3	3	5				1	51		
大足区		33		2									
荣昌区													
璧山区		36		1									
万州区	5		2								625	5	24
梁平区													
城口县													
丰都县													
垫江县													
忠　县													
开州区													
云阳县													
奉节县													
巫山县													
巫溪县													
黔江区	91		38								94	3	6
武隆区													
石柱土家族自治县													
秀山土家族苗族自治县													
酉阳土家族苗族自治县													
彭水苗族土家族自治县													
其他													

6-11 高等学校 R&D 课题情况（2021 年）

指标名称	项目(课题)数/项	项目（课题）参加人员折合全时当量/人年	#研究人员	项目（课题）经费内部支出/万元
总计	37486	14919. 7	12729. 1	280030. 4
一、按项目（课题）来源分				
本单位自选项目	7561	1879. 3	1594. 8	28354
政府部门科技项目	20207	8813. 1	7527. 8	209201. 4
其他企业（单位）委托项目	8427	3817. 3	3230. 8	39239. 7
境外项目	24	13. 5	12. 6	47. 6
其他项目	1267	396. 5	363. 1	3187. 8
二、按项目（课题）合作形式分				
自主完成	32560	12138. 2	10569. 2	248974. 1
与境内研究机构合作	393	266. 7	236	1869. 8
与境内高等学校合作	1619	787. 3	552. 1	23958
与境内其他企业或单位合作	797	666	468. 8	1403. 9
与境外机构合作	97	61. 4	59. 6	142. 9
委托其他企业或单位				
其他形式	2020	1000. 1	843. 4	3681. 8
三、按活动类型分				
基础研究	15304	6253. 8	5259. 9	121184. 1
应用研究	19676	7586. 1	6499. 9	107174. 2
试验发展	2506	1079. 8	969. 3	51672. 1
四、按学科分				
自然科学	3048	1541. 5	1437. 3	3588. 8
农业科学	1133	554. 5	521. 0	1950. 3
医药科学	3596	2458. 9	1732. 5	208657. 3
工程与技术科学	14705	6555. 8	5888. 2	36333. 4
人文与社会科学	15004	3809	3150. 1	29500. 6
五、按服务的国民经济行业分				
农、林、牧、渔业				
农业	811	387. 3	359. 3	1317. 8
林业	64	29. 1	27. 4	58. 4
畜牧业	132	79. 3	76. 5	187. 3
渔业	74	33. 9	33. 7	51. 2
农、林、牧、渔服务业	264	89. 2	83. 4	257. 6
采矿业				
煤炭开采和洗选业	139	155. 0	140. 7	309. 6

续表

指标名称	项目(课题)数/项	项目(课题)参加人员折合全时当量/人年	#研究人员	项目(课题)经费内部支出/万元
石油和天然气开采业	13	4.0	3.4	9.5
黑色金属矿采选业	24	9.5	9.1	64.9
有色金属矿采选业	7	2.4	2.3	2.2
非金属矿采选业	2	0.4	0.4	2.5
开采辅助活动	10	15.1	14	19.5
其他采矿业	2	0.7	0.6	2.5
制造业				
农副食品加工业	61	22.1	20.6	54.2
食品制造业	57	23.2	19.3	48.8
酒、饮料和精制茶制造业	27	11.1	8.6	11.5
烟草制品业	11	3.7	3.4	18.0
纺织业	19	15.0	14.2	11.2
纺织服装、服饰业	6	2.4	1.9	10.2
皮革、毛皮、羽毛及其制品和制鞋业	1	1.2	0.9	0.1
木材加工及木、竹、藤、棕、草制品业	1	0.4	0.4	0.2
家具制造业	12	3.2	3	12.7
造纸和纸制品业	1	1.2	0.6	0.3
印刷和记录媒介复制业	5	3.4	2.4	5.7
文教、工美、体育和娱乐用品制造业	44	13.2	11.5	89.4
石油加工、炼焦和核燃料加工业	4	2.3	2.1	2.9
化学原料和化学制品制造业	254	116.4	106.6	184.7
医药制造业	271	129.4	118.8	309.8
化学纤维制造业	4	0.4	0.4	0.1
橡胶和塑料制品业	15	7.2	7	12.1
非金属矿物制品业	33	9.4	8.2	10.9
黑色金属冶炼和压延加工业	12	9.6	8.0	15.7
有色金属冶炼和压延加工业	18	8	7.5	11.0
金属制品业	55	25	22.5	24.2
通用设备制造业	211	84.3	77	176.9
专用设备制造业	1100	617.9	607.7	2245.1
汽车制造业	235	104.9	89.8	380.2
铁路、船舶、航空航天和其他运输设备制造业	38	12.4	11	71.4
电气机械和器材制造业	254	120.9	110.7	301.7
计算机、通信和其他电子设备制造业	416	201.2	179.8	513.5

续表

指标名称	项目(课题)数/项	项目（课题）参加人员折合全时当量/人年		项目（课题）经费内部支出/万元
			#研究人员	
仪器仪表制造业	35	14.6	13.7	28.3
其他制造业	49	14.7	12.4	112.6
废弃资源综合利用业	9	3.1	2.3	7.7
金属制品、机械和设备修理业	12	6.0	5.5	10.8
电力、热力、燃气及水生产和供应业				
电力、热力生产和供应业	175	70.2	62.7	345.7
燃气生产和供应业	14	3.8	3.4	16.3
水生产和供应业	10	3.4	3.0	4.5
建筑业				
房屋建筑业	202	48.8	44.8	150.2
土木工程建筑业	124	50.5	42.2	61.4
建筑安装业	16	12.9	11.7	12.2
建筑装饰和其他建筑业	69	19.8	17.8	106.7
批发和零售业				
批发业	91	55.3	50.7	404.4
零售业	27	14.1	13.3	43.6
交通运输、仓储和邮政业				
铁路运输业	7	1.9	1.6	17.4
道路运输业	90	48	43.7	164.7
水上运输业	4	1.1	0.9	10.0
航空运输业	5	1.3	1.1	5.3
管道运输业	1	0.3	0.2	2.5
装卸搬运和运输代理业	11	3.0	2.5	27.4
仓储业	4	1.1	0.9	10.0
邮政业	13	3.6	2.9	32.3
住宿和餐饮业				
住宿业	19	5.3	4.5	44.9
餐饮业	15	4.3	3.3	32.4
信息传输、软件和信息技术服务业				
电信、广播电视和卫星传输服务	771	532.3	510.4	1818.8
互联网和相关服务	384	247.1	228.6	985.1
软件和信息技术服务业	605	276.8	226.2	459.4
金融业				
货币金融服务	67	18.5	15.1	143.5

续表

指标名称	项目(课题)数/项	项目（课题）参加人员折合全时当量/人年	#研究人员	项目（课题）经费内部支出/万元
资本市场服务	46	12.5	10.5	109.6
保险业	7	2.2	2.0	15.4
其他金融业	119	33.6	27.9	294.2
房地产业				
房地产业	58	18.1	15.9	325.1
租赁和商务服务业				
租赁业	10	4	3.6	18.1
商务服务业	599	225.1	186.1	1129.7
科学研究和技术服务业				
研究和试验发展	6858	2927.6	2687.4	11890.0
专业技术服务业	545	183	169.6	438.8
科技推广和应用服务员	1653	706.1	621.1	3287.0
水利、环境和公共设施管理业				
水利管理业	16	7.2	6.4	16.3
生态保护和环境治理业	238	91.9	82	317.5
公共设施管理业	60	17.7	15	121.3
土地管理业	21	5.8	4.9	44.9
居民服务、修理和其他服务业				
居民服务业	65	17.8	14.7	161.6
机动车、电子产品和日用产品修理业	200	55.1	45.5	492.9
其他服务业	2255	617.1	510.4	5602.1
教育				
教育	10999	3204.9	2677.9	26700.6
卫生和社会工作				
卫生	2772	1803.5	1170.6	208734.3
社会工作	965	350.1	258.3	2104.7
文化、体育和娱乐业				
新闻和出版业	120	32.7	27.1	291.2
广播、电视、电影和影视录音制作业	121	33.6	28	298.5
文化艺术业	1064	291	240.8	2673.9
体育	60	16.8	14	147.3
娱乐业	31	8.5	7.0	77.1
公共管理、社会保障和社会组织				

续表

指标名称	项目(课题)数/项	项目（课题）参加人员折合全时当量/人年	#研究人员	项目（课题）经费内部支出/万元
中国共产党机关	336	91.9	76.0	835.5
国家机构	414	118.5	100	959.1
人民政协、民主党派	37	10.1	8.4	92.0
社会保障	226	62	51.3	559.7
群众团体、社会团体和其他成员组织	41	150.7	143.9	394.9
基层群众自治组织	7	1.9	1.6	17.4
国际组织				
国际组织	7	1.9	1.6	17.4
六、按项目（课题）社会经济目标分				
环境保护、生态建设及污染防治	637	291.3	265.3	777.5
能源生产、分配和合理利用	1296	805.9	776.1	2948.5
卫生事业的发展	3656	2491.6	1755.2	208738.2
教育事业的发展	7831	2180.2	1804.5	19155.9
基础设施以及城市和农村规划	551	196.8	170.9	1069.4
社会发展和社会服务	4395	1330.3	1128.8	10321.5
地球和大气层的探索与利用	12	4.5	4.2	15.0
民用空间探测及开发	5	2.7	2.6	3.2
农林牧渔业发展	891	448	414.5	1241.1
工商业发展	4626	2055.6	1811.8	6558.2
非定向研究	13498	5090.3	4576.1	29003.2
其他民用目标	68	18.6	15.4	169.1
国防	20	4	3.8	30.0
七、按隶属关系分				
中央	10423	4144.3	3761.5	31866.8
地方	27063	10775.4	8967.6	248163.6
八、按地区分				
渝中区	2441	1726.2	1099.2	207932.7
大渡口区				
江北区	68	27.4	21.6	14.3
沙坪坝区	11744	4758.9	4240.5	36905.9
九龙坡区	270	99.1	79.3	221.1
南岸区	7307	2414.3	2105.4	11079.5
北碚区	4918	1787.7	1650.4	9364.8

续表

指标名称	项目(课题)数/项	项目（课题）参加人员折合全时当量/人年	#研究人员	项目（课题）经费内部支出/万元
渝北区	2789	740.2	636	2668.9
巴南区	2034	870.8	751.7	4103.4
涪陵区	1048	532.5	466.6	3177
长寿区	119	28.7	27.4	22.8
江津区	546	259	231.5	787.6
合川区	427	163.4	136.4	137.4
永川区	1855	662.4	565	1913.7
南川区				
綦江区				
潼南区				
铜梁区	34	8.9	7.4	142.6
大足区	83	26.7	21.6	14.7
荣昌区				
璧山区	45	24.8	20.4	11.1
万州区	1557	760	644.4	1475.5
梁平区				
城口县				
丰都县				
垫江县				
忠　县				
开州区				
云阳县				
奉节县				
巫山县				
巫溪县				
黔江区	201	28.7	24.3	57.3
武隆区				
石柱土家族自治县				
秀山土家族苗族自治县				
酉阳土家族苗族自治县				
彭水苗族土家族自治县				
其他				

6-12 理工农医类高等学校 R&D 课题情况（2021 年）

指标名称	项目(课题)数/项	项目（课题）参加人员折合全时当量/人年	#研究人员	项目（课题）经费内部支出/万元
总计	18645	9764.1	8465.3	233183
一、按项目（课题）来源分				
本单位自选项目	2665	1036.5	897.8	25015.8
政府部门科技项目	9649	5650.8	4912.5	195050.1
其他企业（单位）委托项目	5052	2669.9	2281.9	9889.2
境外项目	17	11.7	11.1	40.4
其他项目	1262	395.2	362.0	3187.6
二、按项目（课题）合作形式分				
自主完成	15033	7342.2	6602.8	205393.9
与境内研究机构合作	330	249.5	221.7	1713.1
与境内高等学校合作	617	513.1	325.3	21466.6
与境内其他企业或单位合作	638	622.5	432.8	1008.5
与境外机构合作	92	60.0	58.5	130.5
委托其他企业或单位				
其他形式	1935	976.8	824.2	3470.4
三、按活动类型分				
基础研究	8177	4609.3	3899.9	108490.3
应用研究	7963	4075.3	3596.4	73020.7
试验发展	2505	1079.5	969.0	51672.0
四、按学科分				
自然科学	2800	1494.4	1398.3	2740.7
农业科学	1133	554.5	521.0	1950.3
医药科学	3596	2458.9	1732.5	208657.3
工程与技术科学	11116	5256.3	4813.5	19834.8
人文与社会科学				
五、按服务的国民经济行业分				
农、林、牧、渔业				
农业	622	335.6	316.5	847.9
林业	64	29.1	27.4	58.4
畜牧业	130	78.7	76.0	182.3
渔业	73	33.6	33.5	48.7
农、林、牧、渔服务业	227	79.1	75.0	165.6
采矿业				
煤炭开采和洗选业	139	155.0	140.7	309.6

续表

指标名称	项目(课题)数/项	项目(课题)参加人员折合全时当量/人年	#研究人员	项目(课题)经费内部支出/万元
石油和天然气开采业	12	3.7	3.2	7.0
黑色金属矿采选业	24	9.5	9.1	64.9
有色金属矿采选业	7	2.4	2.3	2.2
非金属矿采选业	2	0.4	0.4	2.5
开采辅助活动	8	14.5	13.5	14.5
其他采矿业	1	0.4	0.4	
制造业				
农副食品加工业	57	21.0	19.7	44.2
食品制造业	53	22.1	18.4	38.8
酒、饮料和精制茶制造业	24	10.3	7.9	4.0
烟草制品业	6	2.3	2.3	5.6
纺织业	19	15.0	14.2	11.2
纺织服装、服饰业	2	1.3	1.0	0.2
皮革、毛皮、羽毛及其制品和制鞋业	1	1.2	0.9	0.1
木材加工及木、竹、藤、棕、草制品业	1	0.4	0.4	0.2
家具制造业	8	2.1	2.1	2.7
造纸和纸制品业	1	1.2	0.6	0.3
印刷和记录媒介复制业	3	2.8	1.9	0.7
文教、工美、体育和娱乐用品制造业	9	3.6	3.6	2.4
石油加工、炼焦和核燃料加工业	3	2.0	1.9	0.4
化学原料和化学制品制造业	253	116.1	106.4	182.2
医药制造业	264	127.5	117.2	292.4
化学纤维制造业	4	0.4	0.4	0.1
橡胶和塑料制品业	13	6.6	6.5	7.1
非金属矿物制品业	33	9.4	8.2	10.9
黑色金属冶炼和压延加工业	12	9.6	8.0	15.7
有色金属冶炼和压延加工业	17	7.7	7.3	8.5
金属制品业	54	24.7	22.3	21.7
通用设备制造业	203	82.1	75.2	157.0
专用设备制造业	1098	617.3	607.2	2240.1
汽车制造业	226	102.4	87.8	357.8
铁路、船舶、航空航天和其他运输设备制造业	16	6.4	6.0	16.7
电气机械和器材制造业	253	120.6	110.5	299.2
计算机、通信和其他电子设备制造业	400	196.8	176.2	473.7

续表

指标名称	项目(课题)数/项	项目（课题）参加人员折合全时当量/人年	#研究人员	项目（课题）经费内部支出/万元
仪器仪表制造业	32	13.8	13.0	20.8
其他制造业	4	2.4	2.2	0.7
废弃资源综合利用业	6	2.3	1.6	0.2
金属制品、机械和设备修理业	12	6.0	5.5	10.8
电力、热力、燃气及水生产和供应业				
电力、热力生产和供应业	172	69.4	62.0	338.2
燃气生产和供应业	10	2.7	2.5	6.3
水的生产和供应业	10	3.4	3.0	4.5
建筑业				
房屋建筑业	191	45.8	42.3	122.8
土木工程建筑业	112	47.2	39.5	31.6
建筑安装业	13	12.1	11.0	4.7
建筑装饰和其他建筑业	44	13.0	12.1	44.5
批发和零售业				
批发业	85	53.7	49.3	389.5
零售业	11	9.7	9.7	3.8
交通运输、仓储和邮政业				
铁路运输业				
道路运输业	63	40.6	37.6	97.6
水上运输业				
航空运输业	3	0.7	0.6	0.3
管道运输业				
装卸搬运和运输代理业				
仓储业				
邮政业				
住宿和餐饮业				
住宿业	1	0.4	0.4	0.1
餐饮业	2	0.7	0.4	0.1
信息传输、软件和信息技术服务业				
电信、广播电视和卫星传输服务	763	530.1	508.6	1798.9
互联网和相关服务	244	208.8	196.9	637.0
软件和信息技术服务业	571	267.5	218.5	374.9
金融业				
货币金融服务	11	3.2	2.4	4.3

续表

指标名称	项目(课题)数/项	项目（课题）参加人员折合全时当量/人年	#研究人员	项目（课题）经费内部支出/万元
资本市场服务	2	0.5	0.5	0.2
保险业	1	0.6	0.6	0.5
其他金融业	1	1.3	1.2	0.8
房地产业				
房地产业	35	11.8	10.7	267.9
租赁和商务服务业				
租赁业	7	3.2	2.9	10.6
商务服务业	289	140.3	115.9	358.9
科学研究和技术服务业				
研究和试验发展	6559	2845.8	2619.7	11146.5
专业技术服务业	461	160.0	150.6	229.9
科技推广和应用服务员	1462	653.8	577.9	2812.1
水利、环境和公共设施管理业				
水利管理业	12	6.1	5.5	6.3
生态保护和环境治理业	145	66.4	60.9	86.3
公共设施管理业	12	4.6	4.1	1.9
土地管理业	3	0.9	0.8	0.1
居民服务、修理和其他服务业				
居民服务业				
机动车、电子产品和日用产品修理业	3	1.2	0.9	3.1
其他服务业	2	0.6	0.5	0.1
教育				
教育	403	305.4	280.0	354.1
卫生和社会工作				
卫生	2301	1674.6	1064.0	207563.2
社会工作	192	138.6	83.4	182.7
文化、体育和娱乐业				
新闻和出版业	3	0.7	0.6	0.3
广播、电视、电影和影视录音制作业	1	0.8	0.8	0.1
文化艺术业	10	2.6	2.3	53.2
体育	1	0.7	0.6	0.6
娱乐业				
公共管理、社会保障和社会组织				

续表

指标名称	项目(课题)数/项	项目（课题）参加人员折合全时当量/人年	#研究人员	项目（课题）经费内部支出/万元
中国共产党机关				
国家机构	33	14.2	13.8	11.8
人民政协、民主党派				
社会保障	1	0.4	0.4	0.2
群众团体、社会团体和其他成员组织	4	140.6	135.5	302.9
基层群众自治组织				
国际组织				
国际组织				
六、按项目（课题）社会经济目标分				
环境保护、生态建设及污染防治	501	254.1	234.5	439.3
能源生产、分配和合理利用	1264	797.1	768.9	2868.9
卫生事业的发展	3550	2462.6	1731.2	208474.6
教育事业的发展	148	77.8	65.8	52.4
基础设施以及城市和农村规划	190	98.0	89.2	171.8
社会发展和社会服务	340	220.7	211.1	238.9
地球和大气层的探索与利用	8	3.4	3.3	5.0
民用空间探测及开发	4	2.4	2.4	0.7
农林牧渔业发展	822	429.1	398.9	1069.5
工商业发展	3818	1834.5	1628.9	4549.1
非定向研究	7986	3582.0	3328.7	15297.8
其他民用目标				
国防	14	2.4	2.4	15.1
七、按隶属关系分				
中央	6624	3017.4	2829.5	13363.0
地方	12021	6746.7	5635.8	219820.0
八、按地区分				
渝中区	2365	1691.3	1070.3	207823.1
大渡口区				
江北区	46	22.1	17.2	11.5
沙坪坝区	6458	2767.5	2593.6	12595.1
九龙坡区	37	26.3	19.1	15.5
南岸区	3320	1529.7	1373.8	5536.6
北碚区	2187	1364.1	1300.1	3204.4

续表

指标名称	项目(课题)数/项	项目（课题）参加人员折合全时当量/人年	#研究人员	项目（课题）经费内部支出/万元
渝北区	400	185.1	176.9	120.4
巴南区	1053	508.9	452.4	1864.6
涪陵区	464	320.5	291.3	562.8
长寿区	55	22.0	21.9	5.3
江津区	226	193.6	177.4	488.6
合川区	156	108.3	90.8	60.1
永川区	823	423.7	367.6	262.5
南川区				
綦江区				
潼南区				
铜梁区				
大足区	11	4.6	3.3	0.4
荣昌区				
璧山区	25	20.1	16.5	5.6
万州区	931	563.7	482.1	608.8
梁平区				
城口县				
丰都县				
垫江县				
忠　县				
开州区				
云阳县				
奉节县				
巫山县				
巫溪县				
黔江区	88	12.6	11.0	17.6
武隆区				
石柱土家族自治县				
秀山土家族苗族自治县				
酉阳土家族苗族自治县				
彭水苗族土家族自治县				
其他				

6-13 社会人文类高等学校 R&D 课题情况（2021 年）

指标名称	项目(课题)数/项	项目（课题）参加人员折合全时当量/人年	#研究人员	项目（课题）经费内部支出/万元
总计	18841	5155.6	4263.8	46847.4
一、按项目（课题）来源分				
政府部门科技项目（课题）	10558	3162.3	2615.3	14151.3
自选科技项目（课题）	4896	842.8	697.0	3338.2
其他企业委托科技项目（课题）	3375	1147.4	948.9	29350.5
来自国外的科技项目（课题）	7	1.8	1.5	7.2
其他科技项目（课题）	5	1.3	1.1	0.2
二、按项目（课题）合作形式分				
独立完成	17527	4796.0	3966.4	43580.2
与境内独立研究机构合作	63	17.2	14.3	156.7
与境内高等学校合作	1002	274.2	226.8	2491.4
与境内注册其他企业合作	159	43.5	36.0	395.4
与境外机构合作	5	1.4	1.1	12.4
其他形式	85	23.3	19.2	211.4
三、按活动类型分				
基础研究	7127	1644.5	1360.0	12693.8
应用研究	11713	3510.8	2903.5	34153.5
试验发展	1	0.3	0.3	0.1
四、按学科分				
自然科学	248	47.1	39.0	848.1
农业科学				
医药科学				
工程与技术科学	3589	1299.5	1074.7	16498.6
人文与社会科学	15004	3809	3150.1	29500.6
五、按服务的国民经济行业分				
农、林、牧、渔业				
农业	189	51.7	42.8	469.9
林业				
畜牧业	2	0.6	0.5	5.0
渔业	1	0.3	0.2	2.5
农、林、牧、渔服务业	37	10.1	8.4	92.0
采矿业				
煤炭开采和洗选业				
石油和天然气开采业	1	0.3	0.2	2.5

续表

指标名称	项目(课题)数/项	项目(课题)参加人员折合全时当量/人年	#研究人员	项目(课题)经费内部支出/万元
黑色金属矿采选业				
有色金属矿采选业				
非金属矿采选业				
开采辅助活动	2	0.6	0.5	5.0
其他采矿业	1	0.3	0.2	2.5
制造业				
农副食品加工业	4	1.1	0.9	10.0
食品制造业	4	1.1	0.9	10.0
酒、饮料和精制茶制造业	3	0.8	0.7	7.5
烟草制品业	5	1.4	1.1	12.4
纺织业				
纺织服装、服饰业	4	1.1	0.9	10.0
皮革、毛皮、羽毛及其制品和制鞋业				
木材加工及木、竹、藤、棕、草制品业				
家具制造业	4	1.1	0.9	10.0
造纸和纸制品业				
印刷和记录媒介复制业	2	0.6	0.5	5.0
文教、工美、体育和娱乐用品制造业	35	9.6	7.9	87.0
石油加工、炼焦和核燃料加工业	1	0.3	0.2	2.5
化学原料和化学制品制造业	1	0.3	0.2	2.5
医药制造业	7	1.9	1.6	17.4
化学纤维制造业				
橡胶和塑料制品业	2	0.6	0.5	5.0
非金属矿物制品业				
黑色金属冶炼和压延加工业				
有色金属冶炼和压延加工业	1	0.3	0.2	2.5
金属制品业	1	0.3	0.2	2.5
通用设备制造业	8	2.2	1.8	19.9
专用设备制造业	2	0.6	0.5	5.0
汽车制造业	9	2.5	2.0	22.4
铁路、船舶、航空航天和其他运输设备制造业	22	6.0	5.0	54.7
电气机械和器材制造业	1	0.3	0.2	2.5
计算机、通信和其他电子设备制造业	16	4.4	3.6	39.8
仪器仪表制造业	3	0.8	0.7	7.5

续表

指标名称	项目(课题)数/项	项目（课题）参加人员折合全时当量/人年		项目（课题）经费内部支出/万元
			#研究人员	
其他制造业	45	12.3	10.2	111.9
废弃资源综合利用业	3	0.8	0.7	7.5
金属制品、机械和设备修理业				
电力、热力、燃气及水生产和供应业				
电力、热力生产和供应业	3	0.8	0.7	7.5
燃气生产和供应业	4	1.1	0.9	10.0
水的生产和供应业				
建筑业				
房屋建筑业	11	3.0	2.5	27.4
土木工程建筑业	12	3.3	2.7	29.8
建筑安装业	3	0.8	0.7	7.5
建筑装饰和其他建筑业	25	6.8	5.7	62.2
批发和零售业				
批发业	6	1.6	1.4	14.9
零售业	16	4.4	3.6	39.8
交通运输、仓储和邮政业				
铁路运输业	7	1.9	1.6	17.4
道路运输业	27	7.4	6.1	67.1
水上运输业	4	1.1	0.9	10.0
航空运输业	2	0.6	0.5	5.0
管道运输业	1	0.3	0.2	2.5
装卸搬运和运输代理业	11	3.0	2.5	27.4
仓储业	4	1.1	0.9	10.0
邮政业	13	3.6	2.9	32.3
住宿和餐饮业				
住宿业	18	4.9	4.1	44.8
餐饮业	13	3.6	2.9	32.3
信息传输、软件和信息技术服务业				
电信、广播电视和卫星传输服务	8	2.2	1.8	19.9
互联网和相关服务	140	38.3	31.7	348.1
软件和信息技术服务业	34	9.3	7.7	84.5
金融业				
货币金融服务	56	15.3	12.7	139.2
资本市场服务	44	12.0	10.0	109.4

续表

指标名称	项目(课题)数/项	项目（课题）参加人员折合全时当量/人年	#研究人员	项目（课题）经费内部支出/万元
保险业	6	1.6	1.4	14.9
其他金融业	118	32.3	26.7	293.4
房地产业				
房地产业	23	6.3	5.2	57.2
租赁和商务服务业				
租赁业	3	0.8	0.7	7.5
商务服务业	310	84.8	70.2	770.8
科学研究和技术服务业				
研究和试验发展	299	81.8	67.7	743.5
专业技术服务业	84	23.0	19.0	208.9
科技推广和应用服务员	191	52.3	43.2	474.9
水利、环境和公共设施管理业				
水利管理业	4	1.1	0.9	10.0
生态保护和环境治理业	93	25.5	21.1	231.2
公共设施管理业	48	13.1	10.9	119.4
土地管理业	18	4.9	4.1	44.8
居民服务、修理和其他服务业				
居民服务业	65	17.8	14.7	161.6
机动车、电子产品和日用产品修理业	197	53.9	44.6	489.8
其他服务业	2253	616.5	509.9	5602.0
教育				
教育	10596	2899.5	2397.9	26346.5
卫生和社会工作				
卫生	471	128.9	106.6	1171.1
社会工作	773	211.5	174.9	1922.0
文化、体育和娱乐业				
新闻和出版业	117	32.0	26.5	290.9
广播、电视、电影和影视录音制作业	120	32.8	27.2	298.4
文化艺术业	1054	288.4	238.5	2620.7
体育	59	16.1	13.4	146.7
娱乐业	31	8.5	7.0	77.1
公共管理、社会保障和社会组织				
中国共产党机关	336	91.9	76.0	835.5

续表

指标名称	项目(课题)数/项	项目(课题)参加人员折合全时当量/人年	#研究人员	项目(课题)经费内部支出/万元
国家机构	381	104.3	86.2	947.3
人民政协、民主党派	37	10.1	8.4	92.0
社会保障	225	61.6	50.9	559.5
群众团体、社会团体和其他成员组织	37	10.1	8.4	92.0
基层群众自治组织	7	1.9	1.6	17.4
国际组织				
国际组织	7	1.9	1.6	17.4
六、按项目(课题)社会经济目标分				
环境保护、生态建设及污染防治	136	37.2	30.8	338.2
能源生产、分配和合理利用	32	8.8	7.2	79.6
卫生事业的发展	106	29.0	24.0	263.6
教育事业的发展	7683	2102.4	1738.7	19103.5
基础设施以及城市和农村规划	361	98.8	81.7	897.6
社会发展和社会服务	4055	1109.6	917.7	10082.6
地球和大气层的探索与利用	4	1.1	0.9	10.0
民用空间探测及开发	1	0.3	0.2	2.5
农林牧渔业发展	69	18.9	15.6	171.6
工商业发展	808	221.1	182.9	2009.1
非定向研究	5512	1508.3	1247.4	13705.4
其他民用目标	68	18.6	15.4	169.1
国防	6	1.6	1.4	14.9
七、按隶属关系分				
中央	3799	1126.9	932.0	18503.8
地方	15042	4028.7	3331.8	28343.6
八、按地区分				
渝中区	76	34.9	28.9	109.6
大渡口区				
江北区	22	5.3	4.4	2.8
沙坪坝区	5286	1991.4	1646.9	24310.8
九龙坡区	233	72.8	60.2	205.6
南岸区	3987	884.6	731.6	5542.9
北碚区	2731	423.6	350.3	6160.4
渝北区	2389	555.1	459.1	2548.5

续表

指标名称	项目(课题)数/项	项目（课题）参加人员折合全时当量/人年	#研究人员	项目（课题）经费内部支出/万元
巴南区	981	361.9	299.3	2238.8
涪陵区	584	212.0	175.3	2614.2
长寿区	64	6.7	5.5	17.5
江津区	320	65.4	54.1	299.0
合川区	271	55.1	45.6	77.3
永川区	1032	238.7	197.4	1651.2
南川区				
綦江区				
潼南区				
铜梁区	34	8.9	7.4	142.6
大足区	72	22.1	18.3	14.3
荣昌区				
璧山区	20	4.7	3.9	5.5
万州区	626	196.3	162.3	866.7
梁平区				
城口县				
丰都县				
垫江县				
忠　县				
开州区				
云阳县				
奉节县				
巫山县				
巫溪县				
黔江区	113	16.1	13.3	39.7
武隆区				
石柱土家族自治县				
秀山土家族苗族自治县				
酉阳土家族苗族自治县				
彭水苗族土家族自治县				
其他				

6-14 高等学校科技机构情况（2021年）

指标名称	机构数/个	R&D人员/人	#博士毕业	硕士毕业	R&D经费支出/万元	科研用仪器设备原价/万元	#进口
总计	574	8463	4983	2294	164816.3	484048.5	211608.6
一、按学科分							
自然科学	56	619	440	90	14638.5	60791.3	29515.6
农业科学	30	303	193	80	9909.7	46871.0	23233.6
医药科学	50	930	401	265	17312.5	54415.0	30172.7
工程与技术科学	248	2539	1329	612	110325.1	315975.7	128279.3
人文与社会科学	190	4072	2620	1247	12630.5	5995.5	407.4
二、按服务的国民经济行业分							
农、林、牧、渔业							
农业	16	146	59	75	2768.7	12125.2	7634.1
林业							
畜牧业	5	63	54	3	992.0	3087.0	1655.5
渔业							
农、林、牧、渔服务业	11	90	50	31	795.5	12098.6	9135.5
采矿业							
煤炭开采和洗选业							
石油和天然气开采业	7	160	96	47	6732.2	14013.6	2727.1
黑色金属矿采选业							
有色金属矿采选业							
非金属矿采选业	1	19	14	4	88.8	4034.0	922.0
开采辅助活动	2	57	30	8	4135.6	2879.1	1286.2
其他采矿业							
制造业							
农副食品加工业	1	15	13	1	264.0	1600.3	518.7
食品制造业	1	6	3	2	235.9	441.2	257.8
酒、饮料和精制茶制造业							
烟草制品业							
纺织业	1	15	8	6	160.0	1850.0	300.0
纺织服装、服饰业							
皮革、毛皮、羽毛及其制品和制鞋业							
木材加工及木、竹、藤、棕、草制品业							
家具制造业							
造纸和纸制品业							
印刷和记录媒介复制业							
文教、工美、体育和娱乐用品制造业	1	80	14	66	29.9	19.6	1.7

续表

指标名称	机构数/个	R&D人员/人	#博士毕业	硕士毕业	R&D经费支出/万元	科研用仪器设备原价/万元	#进口
石油加工、炼焦和核燃料加工业							
化学原料和化学制品制造业	5	65	36	5	1306.1	7591.3	3312.8
医药制造业	17	220	124	60	5103.6	11664.0	4534.9
化学纤维制造业							
橡胶和塑料制品业							
非金属矿物制品业	1	6	3	1	347.6	1758.1	925.3
黑色金属冶炼和压延加工业							
有色金属冶炼和压延加工业	11	129	63	30	4598.1	35989.9	26805.1
金属制品业	1	10	5	1	729.3	789.8	374.7
通用设备制造业	9	86	44	12	5680.8	17491.0	7059.1
专用设备制造业	16	157	110	14	8655.3	16054.1	4696.0
汽车制造业	2	6	3	1	609.6	681.0	128.8
铁路、船舶、航空航天和其他运输设备制造业	8	75	53	16	3947.0	8697.2	2473.8
电气机械和器材制造业	7	109	65	18	6102.0	12257.7	5841.9
计算机、通信和其他电子设备制造业	16	103	42	26	3200.2	11050.0	4507.4
仪器仪表制造业	9	76	37	20	3256.7	7149.8	2259.7
其他制造业							
废弃资源综合利用业							
金属制品、机械和设备修理业							
电力、热力、燃气及水生产和供应业							
电力、热力生产和供应业	8	45	15	13	1610.9	2317.5	926.3
燃气生产和供应业							
水的生产和供应业							
建筑业							
房屋建筑业	2	32	7	8	641.3	832.4	105.0
土木工程建筑业	1	9		5	132.2	220.8	
建筑安装业	1	7	1	3	27.3	35.7	
建筑装饰和其他建筑业							
批发和零售业							
批发业	16	105	61	11	7010.3	22452.7	8990.8
零售业							
交通运输、仓储和邮政业							
铁路运输业							
道路运输业	2	53	38	12	572	992.4	663.7
水上运输业	1	32	23	7	121.0	25.3	1.0

续表

指标名称	机构数/个	R&D人员/人	#博士毕业	硕士毕业	R&D经费支出/万元	科研用仪器设备原价/万元	#进口
航空运输业							
管道运输业							
装卸搬运和运输代理业							
仓储业							
邮政业	59	428	165	148	17541.9	59910.3	30633.3
住宿和餐饮业							
住宿业							
餐饮业							
信息传输、软件和信息技术服务业							
电信、广播电视和卫星传输服务							
互联网和相关服务							
软件和信息技术服务业	26	257	165	48	6853	22609	7827.4
金融业							
货币金融服务	2	20	12	8	69.0	28.6	
资本市场服务	1	45	42	1	99.1	200.0	
保险业							
其他金融业	1	10	2		50.0	10.0	
房地产业							
房地产业	2	48	42	6	59.5	25.0	
租赁和商务服务业							
租赁业							
商务服务业	13	499	385	98	3268.4	6488.2	800
科学研究和技术服务业							
研究和试验发展	39	460	336	85	13039.2	60397.1	25529.6
专业技术服务业	40	602	345	141	23661.6	62323.4	19968
科技推广和应用服务员	8	166	121	34	1542.6	2466.8	138.1
水利、环境和公共设施管理业							
水利管理业							
生态保护和环境治理业	9	133	95	14	3134	11867.3	3918.9
公共设施管理业							
居民服务、修理和其他服务业							
居民服务业							
机动车、电子产品和日用产品修理业							
其他服务业	2	41	29	12	406.6	97.9	
教育							

续表

指标名称	机构数/个	R&D人员/人	#博士毕业	硕士毕业	R&D经费支出/万元	科研用仪器设备原价/万元	#进口
教育	108	1635	899	627	6297.8	4152	993.8
卫生和社会工作							
卫生	33	866	390	246	15439.4	40018.5	23533.7
社会工作	19	484	376	75	1614.7	1402.3	135
文化、体育和娱乐业							
新闻和出版业	2	56	35	21	234.3	50.1	
广播、电视、电影和影视录音制作业	1	32	12	20	8.1	10.6	
文化艺术业	14	306	187	104	884.2	853.5	75.6
体育	4	81	35	36	71.7	52.4	
娱乐业							
公共管理、社会保障和社会组织							
中国共产党机关	1	30	27	3	20.8	11.0	
国家机构	5	121	88	23	469.3	592.2	
人民政协、民主党派							
社会保障	5	152	113	34	158.4	262.0	
群众团体、社会团体和其他成员组织							
基层群众自治组织							
国际组织							
国际组织	1	15	11	4	38.8	21.0	10.4
三、按研究机构组成类型分							
政府部门办	78	1787	1322	438	7433.7	3373.9	386.0
与国内高校合办	18	315	133	102	4773.7	16638.9	7716.8
与国内独立研究机构合办	18	311	241	55	7823.7	12886.6	3059
与境外机构合办	5	33	14	10	1419.3	2496.4	520.4
与境内注册外商独资企业合办							
与境内注册其他企业合办	1	32	20	11	629.0	7564.8	2996.8
单位自办	451	5947	3225	1669	142380.5	439805.5	196379.6
其他	3	38	28	9	356.4	1282.4	550
四、按隶属关系分							
中央	183	2229	1463	444	60174.1	224209.2	114822.4
地方	391	6234	3520	1850	104642.2	259839.3	96786.2
五、按地区分							
渝中区	26	793	357	226	13699	33660.4	19975.3
大渡口区							
江北区							

续表

指标名称	机构数/个	R&D人员/人	#博士毕业	硕士毕业	R&D经费支出/万元	科研用仪器设备原价/万元	#进口
沙坪坝区	146	2194	1342	448	57843.6	183767.4	81742.4
九龙坡区							
南岸区	157	2633	1453	869	37943.5	108081.4	41785.4
北碚区	101	1221	856	307	16445.6	79491.9	41604.3
渝北区	22	427	369	40	3060	3240.2	727.2
巴南区	43	391	258	103	20994.4	31805.6	9531.2
涪陵区	23	376	196	107	5110.3	6054.6	1284.5
长寿区	1	3		3	0.4		
江津区	3	19	1	9	37.3	35.7	
合川区	1	7		4	29.1	69.2	
永川区	32	235	101	100	2914.7	17094.1	8249.4
南川区							
綦江区							
潼南区							
铜梁区							
大足区							
荣昌区							
璧山区							
万州区	19	164	50	78	6738.4	20748.1	6709
梁平区							
城口县							
丰都县							
垫江县							
忠　县							
开州区							
云阳县							
奉节县							
巫山县							
巫溪县							
黔江区							
武隆区							
石柱土家族自治县							
秀山土家族苗族自治县							
酉阳土家族苗族自治县							
彭水苗族土家族自治县							
其他							

6-15 理工农医类高等学校科技机构情况（2021 年）

指标名称	机构数/个	R&D人员/人	#博士毕业	硕士毕业	R&D经费支出/万元	科研用仪器设备原价/万元	#进口
总计	384	4391	2363	1047	152185.8	478053.0	211201.2
一、按学科分							
自然科学	56	619	440	90	14638.5	60791.3	29515.6
农业科学	30	303	193	80	9909.7	46871.0	23233.6
医药科学	50	930	401	265	17312.5	54415.0	30172.7
工程与技术科学	248	2539	1329	612	110325.1	315975.7	128279.3
人文与社会科学							
二、按服务的国民经济行业分							
农、林、牧、渔业							
农业	13	109	31	66	2626.8	12040.3	7616.2
林业							
畜牧业	5	63	54	3	992.0	3087.0	1655.5
渔业							
农、林、牧、渔服务业	11	90	50	31	795.5	12098.6	9135.5
采矿业							
煤炭开采和洗选业							
石油和天然气开采业	7	160	96	47	6732.2	14013.6	2727.1
黑色金属矿采选业							
有色金属矿采选业							
非金属矿采选业	1	19	14	4	88.8	4034.0	922.0
开采辅助活动	2	57	30	8	4135.6	2879.1	1286.2
其他采矿业							
制造业							
农副食品加工业	1	15	13	1	264.0	1600.3	518.7
食品制造业	1	6	3	2	235.9	441.2	257.8
酒、饮料和精制茶制造业							
烟草制品业							
纺织业	1	15	8	6	160.0	1850.0	300.0
纺织服装、服饰业							
皮革、毛皮、羽毛及其制品和制鞋业							
木材加工及木、竹、藤、棕、草制品业							
家具制造业							
造纸和纸制品业							
印刷和记录媒介复制业							
文教、工美、体育和娱乐用品制造业							

续表

指标名称	机构数/个	R&D人员/人	#博士毕业	硕士毕业	R&D经费支出/万元	科研用仪器设备原价/万元	#进口
石油加工、炼焦和核燃料加工业							
化学原料和化学制品制造业	5	65	36	5	1306.1	7591.3	3312.8
医药制造业	17	220	124	60	5103.6	11664.0	4534.9
化学纤维制造业							
橡胶和塑料制品业							
非金属矿物制品业	1	6	3	1	347.6	1758.1	925.3
黑色金属冶炼和压延加工业							
有色金属冶炼和压延加工业	11	129	63	30	4598.1	35989.9	26805.1
金属制品业	1	10	5	1	729.3	789.8	374.7
通用设备制造业	9	86	44	12	5680.8	17491.0	7059.1
专用设备制造业	16	157	110	14	8655.3	16054.1	4696.0
汽车制造业	2	6	3	1	609.6	681.0	128.8
铁路、船舶、航空航天和其他运输设备制造业	8	75	53	16	3947.0	8697.2	2473.8
电气机械和器材制造业	7	109	65	18	6102.0	12257.7	5841.9
计算机、通信和其他电子设备制造业	16	103	42	26	3200.2	11050.0	4507.4
仪器仪表制造业	9	76	37	20	3256.7	7149.8	2259.7
其他制造业							
废弃资源综合利用业							
金属制品、机械和设备修理业							
电力、热力、燃气及水生产和供应业							
电力、热力生产和供应业	8	45	15	13	1610.9	2317.5	926.3
燃气生产和供应业							
水的生产和供应业							
建筑业							
房屋建筑业	2	32	7	8	641.3	832.4	105.0
土木工程建筑业	1	9		5	132.2	220.8	
建筑安装业	1	7	1	3	27.3	35.7	
建筑装饰和其他建筑业							
批发和零售业							
批发业	16	105	61	11	7010.3	22452.7	8990.8
零售业							
交通运输、仓储和邮政业							
铁路运输业							
道路运输业	1	5	2		411.8	953.8	663.7
水上运输业							

续表

指标名称	机构数/个	R&D人员/人	#博士毕业	硕士毕业	R&D经费支出/万元	科研用仪器设备原价/万元	#进口
航空运输业							
管道运输业							
装卸搬运和运输代理业							
仓储业							
邮政业	59	428	165	148	17541.9	59910.3	30633.3
住宿和餐饮业							
住宿业							
餐饮业							
信息传输、软件和信息技术服务业							
电信、广播电视和卫星传输服务							
互联网和相关服务							
软件和信息技术服务业	25	240	151	45	6835.6	22603.7	7827.4
金融业							
货币金融服务							
资本市场服务							
保险业							
其他金融业							
房地产业							
房地产业							
租赁和商务服务业							
租赁业							
商务服务业	4	85	57	19	1461.2	5800.0	800.0
科学研究和技术服务业							
研究和试验发展	37	431	327	70	12970.3	60383.4	25529.6
专业技术服务业	37	514	290	108	23639.8	62316.3	19967.5
科技推广和应用服务员	3	14		6	285.2	1632.9	138.1
水利、环境和公共设施管理业							
水利管理业							
生态保护和环境治理业	7	97	62	11	3084.5	11851.8	3912.2
公共设施管理业							
土地管理业							
居民服务、修理和其他服务业							
居民服务业							
机动车、电子产品和日用产品修理业							
其他服务业							

续表

指标名称	机构数/个	R&D人员/人	#博士毕业	硕士毕业	R&D经费支出/万元	科研用仪器设备原价/万元	#进口
教育							
教育	7	46	14	22	1593.9	2317.8	720.3
卫生和社会工作							
卫生	29	745	322	202	15354.6	39996.9	23533.7
社会工作	1	6	4	1	5.7	869.0	114.8
文化、体育和娱乐业							
新闻和出版业							
广播、电视、电影和影视录音制作业							
文化艺术业							
体育							
娱乐业							
公共管理、社会保障和社会组织							
中国共产党机关							
国家机构	2	6	1	3	12.2	340.0	
人民政协、民主党派							
社会保障							
群众团体、社会团体和其他成员组织							
基层群众自治组织							
国际组织							
国际组织							
三、按研究机构组成类型分							
政府部门办							
与国内高校合办	15	192	65	60	4630.1	16497.2	7713.9
与国内独立研究机构合办	10	90	59	21	6425.6	12409.1	3059.0
与境外机构合办	3	21	10	2	1343.1	2478.3	520.4
与境内注册外商独资企业合办							
与境内注册其他企业合办	1	32	20	11	629.0	7564.8	2996.8
单位自办	354	4044	2199	952	139008.0	437853.6	196361.1
其他	1	12	10	1	150.0	1250.0	550.0
四、按隶属关系分							
中央	133	1234	685	229	57634.6	222666.6	114440.5
地方	251	3157	1678	818	94551.2	255386.4	96760.7
五、按地区分							
渝中区	24	700	313	186	13628.6	33650.7	19975.3
大渡口区							
江北区							

续表

指标名称	机构数/个	R&D人员/人	#博士毕业	硕士毕业	R&D经费支出/万元	科研用仪器设备原价/万元	#进口
沙坪坝区	112	1432	809	282	56169.3	182665.0	81679.5
九龙坡区							
南岸区	104	988	511	255	33929.1	105332.1	41769.9
北碚区	63	563	359	146	14383.5	78567.0	41282.4
渝北区	7	29	13	8	1327.8	2797.8	720.0
巴南区	37	282	187	65	20247.8	31562.8	9531.2
涪陵区	6	151	82	9	3208.6	5641.1	1284.5
长寿区							
江津区	1	7	1	3	27.3	35.7	
合川区	1	7		4	29.1	69.2	
永川区	12	114	60	30	2851.0	17083.1	8249.4
南川区							
綦江区							
潼南区							
铜梁区							
大足区							
荣昌区							
璧山区							
万州区	17	118	28	59	6383.7	20648.5	6709.0
梁平区							
城口县							
丰都县							
垫江县							
忠　县							
开州区							
云阳县							
奉节县							
巫山县							
巫溪县							
黔江区							
武隆区							
石柱土家族自治县							
秀山土家族苗族自治县							
酉阳土家族苗族自治县							
彭水苗族土家族自治县							
其他							

6-16 社会人文类高等学校科技机构情况（2021 年）

指标名称	机构数/个	R&D人员/人	#博士毕业	硕士毕业	R&D经费支出/万元	科研用仪器设备原价/万元	#进口
总计	190	4072	2620	1247	12630.5	5995.5	407.4
一、按学科分							
自然科学							
农业科学							
医药科学							
工程与技术科学							
人文与社会科学	190	4072	2620	1247	12630.5	5995.5	407.4
二、按服务的国民经济行业分							
农、林、牧、渔业							
农业	3	37	28	9	141.9	84.9	17.9
林业							
畜牧业							
渔业							
农、林、牧、渔服务业							
采矿业							
煤炭开采和洗选业							
石油和天然气开采业							
黑色金属矿采选业							
有色金属矿采选业							
非金属矿采选业							
开采辅助活动							
其他采矿业							
制造业							
农副食品加工业							
食品制造业							
酒、饮料和精制茶制造业							
烟草制品业							
纺织业							
纺织服装、服饰业							
皮革、毛皮、羽毛及其制品和制鞋业							
木材加工及木、竹、藤、棕、草制品业							
家具制造业							
造纸和纸制品业							
印刷和记录媒介复制业							
文教、工美、体育和娱乐用品制造业	1	80	14	66	29.9	19.6	1.7

续表

指标名称	机构数/个	R&D人员/人	#博士毕业	硕士毕业	R&D经费支出/万元	科研用仪器设备原价/万元	#进口
石油加工、炼焦和核燃料加工业							
化学原料和化学制品制造业							
医药制造业							
化学纤维制造业							
橡胶和塑料制品业							
非金属矿物制品业							
黑色金属冶炼和压延加工业							
有色金属冶炼和压延加工业							
金属制品业							
通用设备制造业							
专用设备制造业							
汽车制造业							
铁路、船舶、航空航天和其他运输设备制造业							
电气机械和器材制造业							
计算机、通信和其他电子设备制造业							
仪器仪表制造业							
其他制造业							
废弃资源综合利用业							
金属制品、机械和设备修理业							
电力、热力、燃气及水生产和供应业							
电力、热力生产和供应业							
燃气生产和供应业							
水的生产和供应业							
建筑业							
房屋建筑业							
土木工程建筑业							
建筑安装业							
建筑装饰和其他建筑业							
批发和零售业							
批发业							
零售业							
交通运输、仓储和邮政业							
铁路运输业							
道路运输业	1	48	36	12	160.2	38.6	
水上运输业	1	32	23	7	121.0	25.3	1.0

续表

指标名称	机构数/个	R&D人员/人	#博士毕业	硕士毕业	R&D经费支出/万元	科研用仪器设备原价/万元	#进口
航空运输业							
管道运输业							
装卸搬运和运输代理业							
仓储业							
邮政业							
住宿和餐饮业							
住宿业							
餐饮业							
信息传输、软件和信息技术服务业							
电信、广播电视和卫星传输服务							
互联网和相关服务							
软件和信息技术服务业	1	17	14	3	17.4	5.3	
金融业							
货币金融服务	2	20	12	8	69.0	28.6	
资本市场服务	1	45	42	1	99.1	200.0	
保险业							
其他金融业	1	10	2		50.0	10.0	
房地产业							
房地产业	2	48	42	6	59.5	25.0	
租赁和商务服务业							
租赁业							
商务服务业	9	414	328	79	1807.2	688.2	
科学研究和技术服务业							
研究和试验发展	2	29	9	15	68.9	13.7	
专业技术服务业	3	88	55	33	21.8	7.1	0.5
科技推广和应用服务员	5	152	121	28	1257.4	833.9	
水利、环境和公共设施管理业							
水利管理业							
生态保护和环境治理业	2	36	33	3	49.5	15.5	6.7
公共设施管理业							
土地管理业							
居民服务、修理和其他服务业							
居民服务业							
机动车、电子产品和日用产品修理业							
其他服务业	2	41	29	12	406.6	97.9	

续表

指标名称	机构数/个	R&D人员/人	#博士毕业	硕士毕业	R&D经费支出/万元	科研用仪器设备原价/万元	#进口
教育							
教育	101	1589	885	605	4703.9	1834.2	273.5
卫生和社会工作							
卫生	4	121	68	44	84.8	21.6	
社会工作	18	478	372	74	1609.0	533.3	20.2
文化、体育和娱乐业							
新闻和出版业	2	56	35	21	234.3	50.1	
广播、电视、电影和影视录音制作业	1	32	12	20	8.1	10.6	
文化艺术业	14	306	187	104	884.2	853.5	75.6
体育	4	81	35	36	71.7	52.4	
娱乐业							
公共管理、社会保障和社会组织							
中国共产党机关	1	30	27	3	20.8	11.0	
国家机构	3	115	87	20	457.1	252.2	
人民政协、民主党派							
社会保障	5	152	113	34	158.4	262.0	
群众团体、社会团体和其他成员组织							
基层群众自治组织							
国际组织							
国际组织	1	15	11	4	38.8	21.0	10.4
三、按研究机构组成类型分							
政府部门办	78	1787	1322	438	7433.7	3373.9	386.0
与国内高校合办	3	123	68	42	143.6	141.7	2.9
与国内独立研究机构合办	8	221	182	34	1398.1	477.5	
与境外机构合办	2	12	4	8	76.2	18.1	
与境内注册外商独资企业合办							
与境内注册其他企业合办							
单位自办	97	1903	1026	717	3372.5	1951.9	18.5
其他	2	26	18	8	206.4	32.4	
四、按隶属关系分							
中央	50	995	778	215	2539.5	1542.6	381.9
地方	140	3077	1842	1032	10091.0	4452.9	25.5
五、按地区分							
渝中区	2	93	44	40	70.4	9.7	
大渡口区							
江北区							

续表

指标名称	机构数/个	R&D人员/人			R&D经费支出/万元	科研用仪器设备原价/万元	
			#博士毕业	硕士毕业			#进口
沙坪坝区	34	762	533	166	1674.3	1102.4	62.9
九龙坡区							
南岸区	53	1645	942	614	4014.4	2749.3	15.5
北碚区	38	658	497	161	2062.1	924.9	321.9
渝北区	15	398	356	32	1732.2	442.4	7.2
巴南区	6	109	71	38	746.6	242.8	
涪陵区	17	225	114	98	1901.7	413.5	
长寿区	1	3		3	0.4		
江津区	2	12		6	10.0		
合川区							
永川区	20	121	41	70	63.7	11.0	
南川区							
綦江区							
潼南区							
铜梁区							
大足区							
荣昌区							
璧山区							
万州区	2	46	22	19	354.7	99.6	
梁平区							
城口县							
丰都县							
垫江县							
忠　县							
开州区							
云阳县							
奉节县							
巫山县							
巫溪县							
黔江区							
武隆区							
石柱土家族自治县							
秀山土家族苗族自治县							
酉阳土家族苗族自治县							
彭水苗族土家族自治县							
其他							

七、企业创新活动

说明：企业创新活动数据来自统计局企业创新调查。调查范围为全市规模以上工业企业、建筑业和服务业企业，主要内容包括规模（限额）以上企业创新活动总体情况，产品和工艺创新、组织和营销创新、创新战略目标制定等情况，以及规模以上工业企业创新费用支出情况。

7-1 规模（限额）以上企业创新活动总体情况（2021 年）

项目	开展创新活动企业数/个	#实现创新企业	#同时实现四种创新企业	在全部企业中占比/%		
				开展创新活动企业	实现创新企业	同时实现四种创新企业
总计	8425	7866	1604	45.61	42.59	8.68
一、按规模分						
大型企业	381	358	93	2.06	1.94	0.50
中型企业	1787	1700	380	9.67	9.20	2.06
小型企业	5708	5291	1089	30.90	28.64	5.90
微型企业	549	517	42	2.97	2.80	0.23
二、按登记注册类型分						
内资企业	8090	7552	1540	43.80	40.89	8.34
国有企业	130	122	20	0.70	0.66	0.11
集体企业	14	13	2	0.08	0.07	0.01
股份合作企业	12	12	3	0.06	0.06	0.02
联营企业	2	2		0.01	0.01	
国有联营企业	2	2		0.01	0.01	
有限责任公司	1258	1166	195	6.81	6.31	1.06
国有独资公司	269	244	30	1.46	1.32	0.16
股份有限公司	158	154	53	0.86	0.83	0.29
私营企业	6516	6083	1267	35.28	32.93	6.86
其他企业						
港、澳、台商投资企业	113	107	23	0.61	0.58	0.12
合资经营企业（港或澳、台资）	38	35	7	0.21	0.19	0.04
合作经营企业（港或澳、台资）						
港澳台商独资经营企业	67	64	14	0.36	0.35	0.08
港澳台商投资股份有限公司	7	7	1	0.04	0.04	0.01
其他港澳台投资企业	1	1	1	0.01	0.01	0.01
外商投资企业	222	207	41	1.20	1.12	0.22
中外合资经营企业	115	110	22	0.62	0.60	0.12
中外合作经营	4	4		0.02	0.02	

续表

项目	开展创新活动企业数/个	#实现创新企业	#同时实现四种创新企业	在全部企业中占比/%		
				开展创新活动企业	实现创新企业	同时实现四种创新企业
外资企业	92	84	16	0.50	0.45	0.09
外商投资股份有限公司	9	9	3	0.05	0.05	0.02
其他外商投资企业	2			0.01		
三、按行业分						
采矿业	59	48	5	33.33	27.12	2.82
制造业	4777	4406	1248	69.64	64.23	18.19
电力、热力、燃气及水生产和供应业	101	85	1	37.00	31.14	0.37
建筑业	408	382	31	27.91	26.13	2.12
批发和零售业	1984	1961	162	28.69	28.35	2.34
交通运输、仓储和邮政业	169	164	10	22.32	21.66	1.32
信息传输、软件和信息技术服务业	342	297	83	66.15	57.45	16.05
租赁和商务服务业	232	219	17	26.64	25.14	1.95
科学研究和技术服务业	283	242	44	62.20	53.19	9.67
水利、环境和公共设施管理业	70	62	3	38.25	33.88	1.64
四、按地区分						
渝中区	289	268	36	37.39	34.67	4.66
大渡口区	122	112	22	40.00	36.72	7.21
江北区	246	234	26	40.59	38.61	4.29
沙坪坝区	263	254	44	36.33	35.08	6.08
九龙坡区	671	615	134	51.14	46.88	10.21
南岸区	340	321	62	48.92	46.19	8.92
北碚区	297	277	66	56.79	52.96	12.62
渝北区	727	683	142	49.76	46.75	9.72
巴南区	305	280	44	47.07	43.21	6.79
涪陵区	336	314	69	46.73	43.67	9.60
长寿区	246	232	59	46.07	43.45	11.05
江津区	495	465	122	49.30	46.31	12.15

续表

项目	开展创新活动企业数/个	#实现创新企业	#同时实现四种创新企业	在全部企业中占比/%		
				开展创新活动企业	实现创新企业	同时实现四种创新企业
合川区	214	197	54	45.24	41.65	11.42
永川区	344	303	57	53.50	47.12	8.86
南川区	139	133	22	42.64	40.80	6.75
綦江区	287	266	63	44.77	41.50	9.83
潼南区	163	142	27	46.57	40.57	7.71
铜梁区	284	265	53	48.05	44.84	8.97
大足区	288	257	76	47.52	42.41	12.54
荣昌区	347	340	74	53.72	52.63	11.46
璧山区	368	355	96	51.11	49.31	13.33
万州区	207	198	35	38.91	37.22	6.58
梁平区	116	113	26	39.46	38.44	8.84
城口县	17	17	1	40.48	40.48	2.38
丰都县	87	74	9	40.28	34.26	4.17
垫江县	182	161	48	58.15	51.44	15.34
忠　县	101	97	15	41.06	39.43	6.10
开州区	129	126	29	37.07	36.21	8.33
云阳县	134	123	10	31.90	29.29	2.38
奉节县	167	149	23	40.34	35.99	5.56
巫山县	46	38	2	30.67	25.33	1.33
巫溪县	40	39	4	40.82	39.80	4.08
黔江区	74	70	8	42.05	39.77	4.55
武隆区	39	39	2	30.71	30.71	1.57
石柱土家族自治县	60	60	8	42.25	42.25	5.63
秀山土家族苗族自治县	127	123	13	39.44	38.20	4.04
酉阳土家族苗族自治县	61	60	16	46.56	45.80	12.21
彭水苗族土家族自治县	67	66	7	33.50	33.00	3.50

注：按规模分小型企业和微型企业仅包括规模（限额）以上小型企业和微型企业。全部企业是指项目下各类企业的调查总数。7-1至7-7各表同。

7-2 规模（限额）以上企业产品和工艺创新分布情况（2021 年）

项　　目	开展产品或工艺创新活动企业数/个	#实现产品或工艺创新企业	#实现产品创新企业	#实现工艺创新企业	在全部企业中占比/% 开展产品或工艺创新活动企业	#实现产品或工艺创新企业	#实现产品创新企业	#实现工艺创新企业
总计	6019	5093	3892	4209	32.59	27.57	21.07	22.79
一、按规模分								
大型企业	330	289	210	255	64.58	56.56	41.10	49.90
中型企业	1260	1109	842	966	37.07	32.63	24.77	28.42
小型企业	4204	3527	2750	2847	36.03	30.23	23.57	24.40
微型企业	225	168	90	141	7.77	5.81	3.11	4.87
二、按登记注册类型分								
内资企业	5735	4840	3683	4007	32.11	27.10	20.62	22.43
国有企业	92	79	50	68	37.25	31.98	20.24	27.53
集体企业	6	5	4	4	13.95	11.63	9.30	9.30
股份合作企业	7	6	5	4	25.93	22.22	18.52	14.81
联营企业	2	2	1	1	33.33	33.33	16.67	16.67
国有联营企业	2	2	1	1	66.67	66.67	33.33	33.33
有限责任公司	925	765	525	643	35.43	29.30	20.11	24.63
国有独资公司	189	148	90	125	34.36	26.91	16.36	22.73
股份有限公司	124	115	92	102	44.93	41.67	33.33	36.96
私营企业	4579	3868	3006	3185	31.25	26.40	20.51	21.74
其他企业								
港、澳、台商投资企业	89	80	64	66	41.01	36.87	29.49	30.41
合资经营企业（港或澳、台资）	33	28	22	22	57.89	49.12	38.60	38.60

续表

项目	开展产品或工艺创新活动企业数/个	#实现产品或工艺创新企业	#实现产品创新企业	#实现工艺创新企业	在全部企业中占比/%：开展产品或工艺创新活动企业	#实现产品或工艺创新企业	#实现产品创新企业	#实现工艺创新企业
合作经营企业（港或澳、台资）								
港澳台商独资经营企业	49	45	38	37	33.56	30.82	26.03	25.34
港澳台商投资股份有限公司	6	6	3	6	54.55	54.55	27.27	54.55
其他港澳台投资企业	1	1	1	1	50.00	50.00	50.00	50.00
外商投资企业	195	173	145	136	49.87	44.25	37.08	34.78
中外合资经营企业	105	97	84	75	64.81	59.88	51.85	46.30
中外合作经营	4	4	3	1	66.67	66.67	50.00	16.67
外资企业	80	68	54	57	39.41	33.50	26.60	28.08
外商投资股份有限公司	4	4	4	3	33.33	33.33	33.33	25.00
其他外商投资企业	2				25.00			
三、按行业分								
采矿业	43	30	13	26	24.29	16.95	7.34	14.69
制造业	4314	3753	3185	3057	62.89	54.71	46.43	44.56
电力、热力、燃气及水生产和供应业	63	41	5	40	23.08	15.02	1.83	14.65
建筑业	208	159	70	151	14.23	10.88	4.79	10.33
批发和零售业	623	547	268	469	9.01	7.91	3.88	6.78
交通运输、仓储和邮政业	67	56	25	48	8.85	7.40	3.30	6.34
信息传输、软件和信息技术服务业	306	219	169	170	59.19	42.36	32.69	32.88
租赁和商务服务业	109	79	35	72	12.51	9.07	4.02	8.27
科学研究和技术服务业	242	179	111	149	53.19	39.34	24.40	32.75

续表

项目	开展产品或工艺创新活动企业数/个	#实现产品或工艺创新企业	#实现产品创新企业	#实现工艺创新企业	在全部企业中占比/% 开展产品或工艺创新活动企业	#实现产品或工艺创新企业	#实现产品创新企业	#实现工艺创新企业
水利、环境和公共设施管理业	44	30	11	27	24.04	16.39	6.01	14.75
四、按地区分								
渝中区	162	125	67	108	20.96	16.17	8.67	13.97
大渡口区	86	71	54	57	28.20	23.28	17.70	18.69
江北区	163	139	101	110	26.90	22.94	16.67	18.15
沙坪坝区	169	144	98	121	23.34	19.89	13.54	16.71
九龙坡区	519	424	346	349	39.56	32.32	26.37	26.60
南岸区	225	193	141	164	32.37	27.77	20.29	23.60
北碚区	251	217	170	177	47.99	41.49	32.50	33.84
渝北区	543	461	355	372	37.17	31.55	24.30	25.46
巴南区	218	185	140	152	33.64	28.55	21.60	23.46
涪陵区	247	205	162	169	34.35	28.51	22.53	23.50
长寿区	193	165	133	144	36.14	30.90	24.91	26.97
江津区	366	323	258	277	36.45	32.17	25.70	27.59
合川区	171	151	113	123	36.15	31.92	23.89	26.00
永川区	269	200	145	164	41.84	31.10	22.55	25.51
南川区	94	87	61	69	28.83	26.69	18.71	21.17
綦江区	209	171	126	148	32.61	26.68	19.66	23.09
潼南区	127	96	68	80	36.29	27.43	19.43	22.86
铜梁区	228	202	181	165	38.58	34.18	30.63	27.92

续表

项目	开展产品或工艺创新活动企业数/个				在全部企业中占比/%			
		#实现产品或工艺创新企业	#实现产品创新企业	#实现工艺创新企业	开展产品或工艺创新活动企业	#实现产品或工艺创新企业	#实现产品创新企业	#实现工艺创新企业
大足区	237	192	159	161	39.11	31.68	26.24	26.57
荣昌区	250	239	206	193	38.70	37.00	31.89	29.88
璧山区	313	292	262	233	43.47	40.56	36.39	32.36
万州区	126	109	72	92	23.68	20.49	13.53	17.29
梁平区	88	82	68	60	29.93	27.89	23.13	20.41
城口县	7	5	2	4	16.67	11.90	4.76	9.52
丰都县	62	46	22	39	28.70	21.30	10.19	18.06
垫江县	143	111	84	91	45.69	35.46	26.84	29.07
忠　县	48	39	24	36	19.51	15.85	9.76	14.63
开州区	90	84	67	75	25.86	24.14	19.25	21.55
云阳县	61	48	34	35	14.52	11.43	8.10	8.33
奉节县	100	71	43	60	24.15	17.15	10.39	14.49
巫山县	22	13	8	11	14.67	8.67	5.33	7.33
巫溪县	23	19	10	16	23.47	19.39	10.20	16.33
黔江区	39	32	21	24	22.16	18.18	11.93	13.64
武隆区	16	13	9	11	12.60	10.24	7.09	8.66
石柱土家族自治县	34	32	22	27	23.94	22.54	15.49	19.01
秀山土家族苗族自治县	62	55	25	47	19.25	17.08	7.76	14.60
酉阳土家族苗族自治县	30	26	20	25	22.90	19.85	15.27	19.08
彭水苗族土家族自治县	28	26	15	20	14.00	13.00	7.50	10.00

7-3 规模（限额）以上企业产品或工艺创新活动类型（2021 年）

项目	开展产品或工艺创新活动企业数/个	在开展产品或工艺创新活动企业中，有下列活动形式的企业占比/%							
		内部研发	外部研发	获得机器设备和软件	从外部获取相关技术	相关培训	市场推介	相关设计	其他创新活动
总计	6019	21. 48	2. 84	17. 74	1. 08	13. 30	6. 11	5. 96	7. 77
一、按规模分									
大型企业	330	46. 38	16. 05	32. 29	7. 83	36. 01	13. 31	18. 00	22. 90
中型企业	1260	25. 15	4. 59	19. 24	1. 94	16. 80	7. 00	7. 41	9. 91
小型企业	4204	23. 97	2. 34	20. 45	0. 71	13. 95	6. 81	6. 17	8. 05
微型企业	225	2. 70	0. 45	2. 49	0. 38	2. 52	0. 97	1. 28	1. 45
二、按登记注册类型分									
内资企业	5735	21. 17	2. 77	17. 43	1. 04	12. 99	6. 00	5. 91	7. 54
国有企业	92	23. 89	9. 31	18. 62	3. 24	15. 79	3. 64	9. 72	13. 36
集体企业	6	6. 98	2. 33	4. 65		2. 33		2. 33	2. 33
股份合作企业	7	11. 11		18. 52		22. 22	14. 81	11. 11	11. 11
联营企业	2	16. 67	16. 67	33. 33		16. 67			
国有联营企业	2	33. 33	33. 33	66. 67		33. 33			
有限责任公司	925	22. 52	5. 21	18. 19	2. 53	17. 00	5. 40	6. 74	10. 53
国有独资公司	189	18. 73	5. 27	15. 82	4. 36	16. 36	4. 55	7. 45	11. 27
股份有限公司	124	32. 97	11. 59	28. 62	3. 99	24. 64	13. 04	14. 13	14. 49
私营企业	4579	20. 73	2. 05	17. 09	0. 69	12. 02	6. 01	5. 55	6. 79
其他企业									
港、澳、台商投资企业	89	27. 65	4. 61	26. 27	1. 84	19. 82	9. 68	6. 91	11. 06
合资经营企业（港或澳、台资）	33	42. 11	5. 26	45. 61	5. 26	28. 07	12. 28	5. 26	14. 04

续表

项目	开展产品或工艺创新活动企业数/个	在开展产品或工艺创新活动企业中，有下列活动形式的企业占比/%							
		内部研发	外部研发	获得机器设备和软件	从外部获取相关技术	相关培训	市场推介	相关设计	其他创新活动
合作经营企业（港或澳、台资）									
港澳台商独资经营企业	49	20. 55	3. 42	19. 18	0. 68	16. 44	7. 53	6. 85	9. 59
港澳台商投资股份有限公司	6	45. 45	9. 09	18. 18		18. 18	27. 27	9. 09	9. 09
其他港澳台投资企业	1	50. 00	50. 00	50. 00		50. 00		50. 00	50. 00
外商投资企业	195	31. 97	5. 12	27. 37	2. 56	23. 79	9. 21	7. 67	16. 37
中外合资经营企业	105	45. 68	8. 02	37. 65	3. 70	35. 80	12. 35	11. 73	24. 69
中外合作经营	4	33. 33		33. 33		33. 33			16. 67
外资企业	80	21. 67	2. 96	19. 21	1. 48	14. 29	6. 90	4. 43	10. 84
外商投资股份有限公司	4	33. 33		33. 33		25. 00	16. 67	16. 67	8. 33
其他外商投资企业	2	12. 50	12. 50	12. 50	12. 50	12. 50			
三、按行业分									
采矿业	43	14. 69	1. 13	10. 73	0. 56	6. 78		1. 13	5. 65
制造业	4314	48. 13	4. 72	41. 33	0. 79	25. 39	13. 72	10. 87	15. 28
电力、热力、燃气及水生产和供应业	63	12. 09	4. 03	11. 36	0. 37	6. 96	0. 37	1. 10	5. 13
建筑业	208	5. 95	1. 64	4. 65	1. 98	5. 95	0. 41	3. 21	3. 83
批发和零售业	623	2. 96	1. 26	1. 74	0. 46	4. 11	1. 58	2. 39	1. 78
交通运输、仓储和邮政业	67	0. 66	0. 40	2. 38	0. 79	3. 57	0. 66	1. 59	1. 59
信息传输、软件和信息技术服务业	306	24. 37	7. 93	13. 73	5. 22	22. 63	5. 80	11. 80	12. 96
租赁和商务服务业	109	2. 30	0. 57	3. 33	1. 03	4. 71	1. 03	1. 61	2. 99
科学研究和技术服务业	242	32. 53	5. 93	16. 48	7. 69	23. 96	5. 71	10. 11	16. 04

续表

项目	开展产品或工艺创新活动企业数/个	在开展产品或工艺创新活动企业中，有下列活动形式的企业占比/%							
		内部研发	外部研发	获得机器设备和软件	从外部获取相关技术	相关培训	市场推介	相关设计	其他创新活动
水利、环境和公共设施管理业	44	8. 20		6. 01	3. 28	9. 84	0. 55	2. 73	3. 28
四、按地区分									
渝中区	162	6. 08	1. 94	5. 43	1. 42	9. 57	2. 85	4. 40	4. 53
大渡口区	86	20. 33	3. 93	15. 08	1. 31	15. 08	5. 90	7. 54	9. 84
江北区	163	11. 22	2. 64	12. 54	0. 99	13. 04	4. 29	5. 45	7. 76
沙坪坝区	169	13. 26	3. 31	11. 33	2. 07	12. 98	4. 28	4. 70	7. 46
九龙坡区	519	32. 09	4. 12	20. 66	1. 14	16. 46	7. 16	8. 38	9. 76
南岸区	225	20. 72	5. 61	14. 39	2. 01	15. 11	6. 47	8. 49	10. 65
北碚区	251	28. 68	5. 74	28. 30	0. 96	19. 69	9. 37	8. 60	14. 91
渝北区	543	20. 67	4. 93	20. 53	2. 60	18. 96	8. 35	9. 10	14. 17
巴南区	218	24. 23	1. 54	18. 98	0. 93	16. 20	8. 02	7. 87	9. 41
涪陵区	247	22. 95	3. 76	20. 31	1. 25	14. 05	7. 09	5. 42	7. 51
长寿区	193	25. 66	3. 18	23. 78	1. 12	16. 10	6. 55	7. 87	9. 18
江津区	366	23. 01	2. 29	17. 73	1. 20	16. 14	8. 17	6. 97	9. 76
合川区	171	17. 12	2. 75	24. 10	0. 63	15. 64	9. 30	7. 40	9. 09
永川区	269	28. 46	1. 56	20. 22	0. 78	14. 00	6. 53	4. 82	5. 60
南川区	94	21. 47	1. 23	19. 94	0. 92	12. 58	6. 13	5. 83	5. 52
綦江区	209	28. 55	5. 15	16. 07	0. 62	12. 48	5. 77	4. 68	5. 62
潼南区	127	24. 29	0. 29	28. 86	0. 29	12. 86	6. 29	5. 14	4. 57
铜梁区	228	33. 84	1. 02	30. 46	0. 68	11. 51	6. 43	4. 74	8. 63

续表

项目	开展产品或工艺创新活动企业数/个	在开展产品或工艺创新活动企业中，有下列活动形式的企业占比/%							
		内部研发	外部研发	获得机器设备和软件	从外部获取相关技术	相关培训	市场推介	相关设计	其他创新活动
大足区	237	33.00	2.48	20.46	0.50	8.91	4.79	3.80	9.08
荣昌区	250	26.78	1.24	23.99	0.15	12.54	4.33	5.11	4.02
璧山区	313	33.19	4.72	19.72	0.97	16.53	8.33	5.42	9.03
万州区	126	12.41	1.69	12.22	0.75	9.40	3.38	4.32	4.89
梁平区	88	21.77	0.68	24.15	1.02	6.80	5.10	4.08	4.76
城口县	7	4.76	4.76	7.14	2.38	2.38	7.14	4.76	2.38
丰都县	62	16.20	3.70	11.57	0.46	6.48	4.63	2.78	0.46
垫江县	143	23.00	1.60	29.39	1.60	15.97	9.27	8.63	7.67
忠　县	48	13.82	2.03	8.94		8.94	5.28	4.07	3.66
开州区	90	21.55		18.68	0.57	8.62	4.89	3.45	5.46
云阳县	61	6.90	0.71	9.52		8.10	3.57	2.38	2.62
奉节县	100	14.25	2.66	9.42	1.45	9.42	3.14	4.59	3.86
巫山县	22	11.33	1.33	7.33		2.00		0.67	3.33
巫溪县	23	19.39		8.16	2.04	9.18	3.06	5.10	5.10
黔江区	39	14.77	2.27	9.09	0.57	7.95	3.41	4.55	2.27
武隆区	16	8.66	0.79	3.15		3.94	0.79	0.79	6.30
石柱土家族自治县	34	12.68	2.82	14.08		9.15	4.23	4.93	4.23
秀山土家族苗族自治县	62	6.83	0.93	6.52	0.62	9.63	5.90	4.66	4.97
酉阳土家族苗族自治县	30	8.40	1.53	8.40	0.76	8.40	4.58	3.82	3.82
彭水苗族土家族自治县	28	6.50		5.50		5.00	3.50	4.50	2.00

7-4 规模以上工业企业创新费用支出情况（2021 年）

项目	创新费用支出合计/亿元	1.内部研发经费支出	所占比重/%	2.外部研发经费支出	所占比重/%	3.获得机器设备和软件经费支出	所占比重/%	4.从外部获取相关技术经费支出	所占比重/%
总计	711.81	469.26	65.92	32.24	4.53	185.60	26.07	24.71	3.47
一、按规模分									
大型企业	352.84	213.32	60.46	21.09	5.98	96.86	27.45	21.58	6.12
中型企业	184.24	131.84	71.56	6.55	3.55	43.99	23.88	1.86	1.01
小型企业	170.62	120.80	70.80	4.55	2.67	44.10	25.85	1.17	0.68
微型企业	4.11	3.30	80.33	0.05	1.23	0.65	15.92	0.10	2.52
二、按登记注册类型分									
内资企业	608.82	411.14	67.53	29.72	4.88	164.89	27.08	3.07	0.50
国有企业	28.64	18.90	66.00	3.00	10.47	6.72	23.48	0.01	0.05
集体企业	0.06	0.05	75.76	0.001	1.51	0.01	22.74		
股份合作企业	0.35	0.22	62.29			0.13	37.71		
联营企业	0.58	0.27	46.09			0.31	53.91		
国有联营企业	0.58	0.27	46.09			0.31	53.91		
有限责任公司	195.44	127.01	64.99	13.99	7.16	52.96	27.10	1.48	0.76
国有独资公司	35.14	21.25	60.49	1.02	2.89	12.82	36.48	0.05	0.14
股份有限公司	102.85	55.96	54.41	7.67	7.46	37.80	36.75	1.41	1.37
私营企业	280.91	208.73	74.30	5.06	1.80	66.94	23.83	0.17	0.06
其他企业									
港、澳、台商投资企业	23.71	16.26	68.56	0.26	1.08	7.11	29.97	0.09	0.38
合资经营企业（港或澳、台资）	6.68	4.46	66.70	0.04	0.63	2.09	31.31	0.09	1.36

续表

项目	创新费用支出合计/亿元	1.内部研发经费支出	所占比重/%	2.外部研发经费支出	所占比重/%	3.获得机器设备和软件经费支出	所占比重/%	4.从外部获取相关技术经费支出	所占比重/%
合作经营企业（港或澳、台资）									
港澳台商独资经营企业	15.84	10.81	68.24	0.19	1.21	4.84	30.55		
港澳台商投资股份有限公司	0.77	0.72	93.53			0.05	6.47		
其他港澳台投资企业	0.41	0.27	64.40	0.02	5.27	0.13	30.33		
外商投资企业	79.29	41.87	52.81	2.26	2.85	13.61	17.16	21.55	27.18
中外合资经营企业	67.04	33.12	49.40	1.87	2.79	10.87	16.21	21.18	31.59
中外合作经营	0.12	0.07	55.58			0.05	44.42		
外资企业	10.93	7.91	72.31	0.34	3.08	2.32	21.23	0.37	3.38
外商投资股份有限公司	1.06	0.74	69.39			0.33	30.61		
其他外商投资企业	0.13	0.04	31.95	0.05	37.16	0.04	30.89		
三、按行业分									
采矿业	7.20	5.33	74.03	0.10	1.40	1.73	23.97	0.04	0.60
制造业	595.63	414.43	69.58	18.66	3.13	137.99	23.17	24.56	4.12
电力、热力、燃气及水生产和供应业	7.12	4.77	66.97	0.67	9.47	1.64	23.02	0.04	0.55
建筑业	26.50	5.85	22.09	0.20	0.76	20.43	77.09	0.01	0.06
批发和零售业	0.02	0.02	100.39			−0.0001	−0.39		
交通运输、仓储和邮政业	0.93	0.34	36.01	0.05	5.04	0.55	58.61	0.003	0.33
信息传输、软件和信息技术服务业	33.99	16.23	47.73	2.54	7.46	15.23	44.80	0.001	0.002
租赁和商务服务业	1.10	0.56	51.03	0.01	1.36	0.52	47.61		
科学研究和技术服务业	38.31	21.02	54.86	10.00	26.11	7.24	18.89	0.05	0.13

续表

项目	创新费用支出合计/亿元	1.内部研发经费支出	所占比重/%	2.外部研发经费支出	所占比重/%	3.获得机器设备和软件经费支出	所占比重/%	4.从外部获取相关技术经费支出	所占比重/%
水利、环境和公共设施管理业	1.00	0.72	71.43			0.29	28.47	0.001	0.10
四、按地区分									
渝中区	11.26	4.42	39.29	0.69	6.11	6.12	54.33	0.03	0.27
大渡口区	16.19	10.55	65.15	0.29	1.81	5.35	33.02	0.003	0.02
江北区	60.37	47.40	78.51	4.74	7.86	8.22	13.61	0.01	0.02
沙坪坝区	30.07	20.36	67.69	2.74	9.11	5.66	18.83	1.31	4.37
九龙坡区	46.63	33.84	72.57	1.91	4.10	10.00	21.44	0.88	1.89
南岸区	29.16	16.57	56.82	1.46	5.01	11.13	38.17	0.002	0.01
北碚区	32.46	24.53	75.58	0.77	2.37	7.12	21.94	0.04	0.11
渝北区	144.35	79.60	55.14	13.07	9.05	30.96	21.45	20.72	14.36
巴南区	34.96	28.32	81.00	0.03	0.10	6.60	18.87	0.01	0.03
涪陵区	37.08	27.63	74.52	0.72	1.95	8.28	22.33	0.45	1.21
长寿区	55.74	18.84	33.80	1.81	3.25	34.95	62.69	0.14	0.25
江津区	31.97	24.42	76.38	0.43	1.35	6.81	21.30	0.31	0.97
合川区	8.29	4.42	53.31	0.34	4.06	3.39	40.88	0.15	1.75
永川区	27.96	22.47	80.38	0.18	0.64	5.22	18.65	0.09	0.33
南川区	5.21	4.01	77.00	0.02	0.32	1.18	22.68		
綦江区	17.30	12.18	70.38	0.67	3.89	4.44	25.69	0.01	0.04
潼南区	6.98	4.77	68.25	0.002	0.03	2.21	31.72		
铜梁区	14.94	11.94	79.96	0.02	0.12	2.96	19.81	0.02	0.11

续表

项目	创新费用支出合计/亿元	1.内部研发经费支出	所占比重/%	2.外部研发经费支出	所占比重/%	3.获得机器设备和软件经费支出	所占比重/%	4.从外部获取相关技术经费支出	所占比重/%
大足区	15.23	12.97	85.20	0.08	0.52	1.90	12.45	0.28	1.83
荣昌区	15.27	11.42	74.79	0.31	2.02	3.54	23.19		
璧山区	29.25	24.74	84.57	1.00	3.42	3.51	12.00	0.002	0.01
万州区	10.32	3.92	37.96	0.03	0.32	6.15	59.56	0.22	2.17
梁平区	6.01	4.18	69.48	0.002	0.04	1.82	30.33	0.01	0.15
城口县									
丰都县	1.54	0.88	57.05			0.66	42.88	0.001	0.07
垫江县	3.83	2.46	64.13	0.09	2.43	1.27	33.21	0.01	0.24
忠　县	2.45	1.84	75.02	0.07	2.81	0.54	22.17		
开州区	4.93	3.66	74.24			1.27	25.76		
云阳县	4.72	1.47	31.20	0.67	14.28	2.57	54.52		
奉节县	2.36	1.98	83.87	0.02	0.75	0.36	15.37	0.0002	0.01
巫山县	0.35	0.24	68.65	0.002	0.68	0.11	30.67		
巫溪县	0.17	0.14	86.84			0.02	13.16		
黔江区	0.83	0.53	64.14	0.01	1.07	0.28	33.26	0.01	1.52
武隆区	0.43	0.42	98.16	0.01	1.53	0.001	0.31		
石柱土家族自治县	1.15	0.60	52.41	0.05	4.06	0.50	43.53		
秀山土家族苗族自治县	1.10	0.85	76.88			0.25	23.12		
酉阳土家族苗族自治县	0.21	0.16	74.19	0.001	0.43	0.05	25.38		
彭水苗族土家族自治县	0.74	0.54	72.52			0.20	27.48		

7-5 规模（限额）以上企业创新合作开展情况（2021 年）

项目	开展创新合作的企业数/个	创新合作企业占全部企业的比重/%	在创新合作企业中，与下列伙伴开展合作的企业占比/%								
			集团内其他企业	高等学校	研究机构	政府部门或行业协会	供应商	客户或消费者	竞争对手或同行业企业	咨询顾问、市场分析及中介机构	其他合作对象
总计	5840	31.62	33.75	20.53	12.36	23.05	39.26	52.02	22.21	15.87	19.38
一、按规模分											
大型企业	314	61.45	70.38	47.77	27.71	28.03	31.53	37.90	17.20	18.79	14.33
中型企业	1288	37.89	44.95	24.38	14.91	25.08	35.09	44.80	22.52	16.07	17.39
小型企业	3865	33.13	28.07	18.01	10.89	21.45	42.30	55.11	22.46	15.65	19.69
微型企业	373	12.89	23.06	10.46	5.90	28.42	28.69	56.84	22.79	15.01	27.35
二、按登记注册类型分											
内资企业	5589	31.29	32.26	20.49	12.63	23.40	39.31	52.42	22.44	16.01	19.52
国有企业	93	37.65	69.89	45.16	30.11	36.56	22.58	35.48	19.36	18.28	10.75
集体企业	4	9.30					100.00	50.00			
股份合作企业	7	25.93	14.29	14.29		42.86	57.14	57.14	14.29	57.14	42.86
联营企业	2	33.33	50.00	50.00		50.00	50.00			50.00	100.00
国有联营企业	2	66.67	50.00	50.00		50.00	50.00			50.00	100.00
有限责任公司	908	34.78	58.81	32.93	19.71	26.32	32.49	38.99	16.08	13.55	15.97
国有独资公司	186	33.82	67.20	41.40	23.12	32.26	28.50	31.72	16.67	15.05	20.43
股份有限公司	129	46.74	51.16	46.51	35.66	33.33	36.43	34.11	19.38	14.73	15.50
私营企业	4446	30.34	25.55	16.69	10.19	22.22	41.05	56.07	23.93	16.44	20.49
其他企业											
港、澳、台商投资企业	74	34.10	66.22	27.03	6.76	24.32	27.03	48.65	17.57	18.92	9.46
合资经营企业（港或澳、台资）	27	47.37	66.67	29.63	11.11	25.93	37.04	48.15	11.11	18.52	3.70

续表

项目	开展创新合作的企业数/个	创新合作企业占全部企业的比重/%	在创新合作企业中，与下列伙伴开展合作的企业占比/%								
			集团内其他企业	高等学校	研究机构	政府部门或行业协会	供应商	客户或消费者	竞争对手或同行业企业	咨询顾问、市场分析及中介机构	其他合作对象
合作经营企业（港或澳、台资）											
港澳台商独资经营企业	41	28.08	65.85	21.95	4.88	24.39	21.95	51.22	21.95	19.51	14.63
港澳台商投资股份有限公司	5	45.46	60.00	40.00		20.00	20.00	20.00	20.00	20.00	
其他港澳台投资企业	1	50.00	100.00	100.00				100.00			
外商投资企业	177	45.27	67.23	19.21	6.22	11.30	42.94	40.68	16.95	10.17	19.21
中外合资经营企业	105	64.82	63.81	22.86	8.57	12.38	41.91	42.86	19.05	10.48	16.19
中外合作经营	4	66.67	100.00	25.00			50.00	50.00			
外资企业	63	31.03	69.84	12.70	3.18	9.52	44.44	36.51	12.70	9.52	23.81
外商投资股份有限公司	4	33.33	75.00				50.00	50.00	50.00	25.00	50.00
其他外商投资企业	1	12.50	100.00	100.00		100.00					
三、按行业分											
采矿业	36	20.34	33.33	13.89	8.33	19.44	44.44	50.00	33.33	5.56	25.00
制造业	3368	49.10	35.63	22.00	15.20	18.08	46.53	52.67	19.92	14.82	14.73
电力、热力、燃气及水生产和供应业	51	18.68	60.78	15.69	25.49	31.37	52.94	17.65	15.69	5.88	21.57
建筑业	247	16.90	35.63	30.77	15.79	37.25	39.68	31.58	20.65	23.89	24.70
批发和零售业	1366	19.75	20.79	7.10	3.73	22.69	29.94	62.37	27.89	16.91	28.77
交通运输、仓储和邮政业	106	14.00	36.79	16.04	3.77	29.25	28.30	52.83	31.13	15.09	25.47
信息传输、软件和信息技术服务业	273	52.81	54.95	42.49	16.48	39.93	26.01	41.39	21.61	14.65	15.39
租赁和商务服务业	145	16.65	38.62	17.24	5.52	41.38	17.93	49.66	23.45	19.31	25.52
科学研究和技术服务业	204	44.84	48.04	50.49	21.08	45.10	21.57	27.45	21.08	19.61	22.55

续表

项目	开展创新合作的企业数/个	创新合作企业占全部企业的比重/%	在创新合作企业中，与下列伙伴开展合作的企业占比/%								
			集团内其他企业	高等学校	研究机构	政府部门或行业协会	供应商	客户或消费者	竞争对手或同行业企业	咨询顾问、市场分析及中介机构	其他合作对象
水利、环境和公共设施管理业	44	24.04	29.55	25.00	9.09	45.46	11.36	22.73	11.36	20.46	22.73
四、按地区分											
渝中区	199	25.74	40.20	20.60	6.03	28.64	27.14	50.75	24.62	22.61	24.62
大渡口区	79	25.90	39.24	29.11	20.25	13.92	35.44	46.84	13.92	12.66	20.25
江北区	174	28.71	44.83	29.31	12.07	26.44	36.21	50.58	24.71	15.52	24.71
沙坪坝区	178	24.59	38.20	30.90	14.05	23.03	42.14	49.44	19.66	18.54	21.35
九龙坡区	469	35.75	34.12	25.37	9.17	22.39	43.50	54.80	27.29	15.57	20.47
南岸区	250	35.97	50.00	32.80	19.20	27.60	40.40	42.80	22.40	22.00	15.20
北碚区	217	41.49	40.09	30.42	15.21	23.96	39.17	50.69	20.28	14.75	13.36
渝北区	515	35.25	51.85	31.26	16.70	26.80	38.06	45.63	18.84	14.37	17.67
巴南区	188	29.01	38.83	19.15	14.89	19.68	46.28	56.38	23.94	18.09	15.43
涪陵区	250	34.77	36.80	18.80	15.20	22.40	44.40	52.40	20.80	11.20	24.00
长寿区	177	33.15	40.68	28.25	14.12	21.47	40.68	45.20	20.90	19.77	15.82
江津区	363	36.16	27.00	18.18	12.40	20.11	37.19	60.06	25.34	12.40	16.25
合川区	157	33.19	24.20	10.83	14.01	24.84	48.41	50.96	21.66	17.83	19.11
永川区	236	36.70	34.75	17.80	9.32	18.64	37.71	53.39	22.46	11.86	13.98
南川区	100	30.68	26.00	10.00	9.00	30.00	34.00	57.00	27.00	21.00	21.00
綦江区	186	29.02	32.26	17.20	17.20	23.66	43.55	52.69	23.12	15.59	12.90
潼南区	112	32.00	25.00	20.54	12.50	26.79	37.50	38.39	20.54	15.18	17.86
铜梁区	169	28.60	28.40	14.79	10.65	18.94	44.38	52.66	18.94	14.79	22.49

续表

项目	开展创新合作的企业数/个	创新合作企业占全部企业的比重/%	在创新合作企业中，与下列伙伴开展合作的企业占比/%								
			集团内其他企业	高等学校	研究机构	政府部门或行业协会	供应商	客户或消费者	竞争对手或同行业企业	咨询顾问、市场分析及中介机构	其他合作对象
大足区	196	32.34	30.10	10.20	7.14	12.76	34.18	47.45	17.86	12.76	26.02
荣昌区	223	34.52	21.97	8.97	13.00	20.63	46.19	56.50	19.28	9.87	10.76
璧山区	264	36.67	33.33	17.42	12.50	18.56	44.70	62.12	17.80	14.77	16.29
万州区	140	26.32	32.86	24.29	11.43	17.86	32.14	49.29	24.29	15.00	15.71
梁平区	83	28.23	21.69	20.48	12.05	19.28	37.35	43.37	22.89	14.46	19.28
城口县	11	26.19	36.36	18.18	9.09	45.46	18.18	63.64	27.27	27.27	36.36
丰都县	51	23.61	17.65	27.45	13.73	23.53	23.53	54.90	17.65	11.77	17.65
垫江县	129	41.21	23.26	18.61	13.95	21.71	37.21	51.16	24.81	27.91	22.48
忠　县	66	26.83	28.79	18.18	13.64	19.70	33.33	56.06	25.76	34.85	24.24
开州区	97	27.87	39.18	12.37	8.25	18.56	48.45	42.27	23.71	11.34	17.53
云阳县	92	21.91	17.39	17.39	9.78	42.39	30.44	55.44	18.48	16.30	21.74
奉节县	113	27.30	13.27	7.97	7.97	34.51	38.05	62.83	21.24	18.58	25.66
巫山县	22	14.67	22.73	4.55	4.55	31.82	31.82	59.09	22.73	4.55	31.82
巫溪县	32	32.65	37.50	12.50	6.25	25.00	25.00	50.00	18.75	21.88	43.75
黔江区	54	30.68	22.22	9.26	12.96	24.07	35.19	59.26	35.19	24.07	24.07
武隆区	23	18.11	26.09	4.35	8.70	26.09	26.09	65.22	13.04	8.70	43.48
石柱土家族自治县	37	26.06	18.92	2.70	2.70	21.62	51.35	51.35	24.32	16.22	21.62
秀山土家族苗族自治县	96	29.81	9.38	2.08		23.96	30.21	52.08	18.75	12.50	34.38
酉阳土家族苗族自治县	44	33.59	13.64	18.18	13.64	25.00	34.09	52.27	22.73	18.18	29.55
彭水苗族土家族自治县	48	24.00	20.83	10.42	6.25	27.08	33.33	62.50	47.92	10.42	25.00

7-6 规模（限额）以上企业组织和营销创新情况（2021 年）

项目	实现组织或营销创新企业数/个	#实现组织创新企业	#实现营销创新企业	在全部企业中占比/%		
				实现组织或营销创新企业	#实现组织创新企业	#实现营销创新企业
总计	6521	5322	4529	35.3	28.8	24.5
一、按规模分						
大型企业	285	237	197	55.8	46.4	38.6
中型企业	1424	1186	945	41.9	34.9	27.8
小型企业	4326	3508	3039	37.1	30.1	26.0
微型企业	486	391	348	16.8	13.5	12.0
二、按登记注册类型分						
内资企业	6312	5160	4390	35.3	28.9	24.6
国有企业	101	87	57	40.9	35.2	23.1
集体企业	10	9	5	23.3	20.9	11.6
股份合作企业	10	8	6	37.0	29.6	22.2
联营企业	1	1	1	16.7	16.7	16.7
国有联营企业	1	1	1	33.3	33.3	33.3
有限责任公司	959	824	561	36.7	31.6	21.5
国有独资公司	208	180	113	37.8	32.7	20.5
股份有限公司	132	115	100	47.8	41.7	36.2
私营企业	5099	4116	3660	34.8	28.1	25.0
其他企业						
港、澳、台商投资企业	79	57	56	36.4	26.3	25.8
合资经营企业（港或澳、台资）	23	19	14	40.4	33.3	24.6
合作经营企业（港或澳、台资）						
港澳台商独资经营企业	49	33	36	33.6	22.6	24.7
港澳台商投资股份有限公司	6	4	5	54.5	36.4	45.5
其他港澳台投资企业	1	1	1	50.0	50.0	50.0
外商投资企业	130	105	83	33.2	26.9	21.2
中外合资经营企业	70	57	43	43.2	35.2	26.5
中外合作经营						
外资企业	51	42	34	25.1	20.7	16.7

续表

项目	实现组织或营销创新企业数/个	#实现组织创新企业	#实现营销创新企业	在全部企业中占比/% 实现组织或营销创新企业	#实现组织创新企业	#实现营销创新企业
外商投资股份有限公司	9	6	6	75.0	50.0	50.0
其他外商投资企业						
三、按行业分						
采矿业	37	34	17	20.9	19.2	9.6
制造业	3340	2660	2515	48.7	38.8	36.7
电力、热力、燃气及水生产和供应业	64	59	17	23.4	21.6	6.2
建筑业	343	324	113	23.5	22.2	7.7
批发和零售业	1881	1478	1395	27.2	21.4	20.2
交通运输、仓储和邮政业	147	137	56	19.4	18.1	7.4
信息传输、软件和信息技术服务业	254	223	170	49.1	43.1	32.9
租赁和商务服务业	202	184	107	23.2	21.1	12.3
科学研究和技术服务业	195	177	107	42.9	38.9	23.5
水利、环境和公共设施管理业	58	46	32	31.7	25.1	17.5
四、按地区分						
渝中区	241	205	154	31.2	26.5	19.9
大渡口区	96	78	63	31.5	25.6	20.7
江北区	197	167	105	32.5	27.6	17.3
沙坪坝区	215	187	136	29.7	25.8	18.8
九龙坡区	500	411	329	38.1	31.3	25.1
南岸区	277	221	186	39.9	31.8	26.8
北碚区	214	177	146	40.9	33.8	27.9
渝北区	561	462	357	38.4	31.6	24.4
巴南区	237	179	157	36.6	27.6	24.2
涪陵区	266	205	183	37.0	28.5	25.5
长寿区	188	157	125	35.2	29.4	23.4
江津区	395	339	278	39.3	33.8	27.7
合川区	156	131	118	33.0	27.7	24.9
永川区	257	195	182	40.0	30.3	28.3

续表

项目	实现组织或营销创新企业数/个	#实现组织创新企业	#实现营销创新企业	在全部企业中占比/%		
				实现组织或营销创新企业	#实现组织创新企业	#实现营销创新企业
南川区	115	91	87	35.3	27.9	26.7
綦江区	226	191	158	35.3	29.8	24.6
潼南区	121	97	90	34.6	27.7	25.7
铜梁区	182	143	129	30.8	24.2	21.8
大足区	206	176	156	34.0	29.0	25.7
荣昌区	262	186	205	40.6	28.8	31.7
璧山区	262	231	176	36.4	32.1	24.4
万州区	165	129	118	31.0	24.2	22.2
梁平区	78	63	59	26.5	21.4	20.1
城口县	15	12	10	35.7	28.6	23.8
丰都县	62	44	51	28.7	20.4	23.6
垫江县	138	121	107	44.1	38.7	34.2
忠　县	93	68	71	37.8	27.6	28.9
开州区	104	80	82	29.9	23.0	23.6
云阳县	105	76	89	25.0	18.1	21.2
奉节县	137	125	97	33.1	30.2	23.4
巫山县	31	27	19	20.7	18.0	12.7
巫溪县	33	32	23	33.7	32.7	23.5
黔江区	64	51	46	36.4	29.0	26.1
武隆区	33	25	21	26.0	19.7	16.5
石柱土家族自治县	51	38	33	35.9	26.8	23.2
秀山土家族苗族自治县	116	102	88	36.0	31.7	27.3
酉阳土家族苗族自治县	58	47	46	44.3	35.9	35.1
彭水苗族土家族自治县	64	53	49	32.0	26.5	24.5

7-7 规模（限额）以上企业创新战略目标制定情况（2021 年）

项目	制定创新战略目标的企业数/个	制定创新战略目标企业占全部企业的比重/%	在制定创新战略目标企业中，制定下列目标的企业占比/%					
			保持本领域的国际领先地位	赶超同行业国际领先企业	赶超同行业国内领先企业	增加创新投入，提升企业竞争力	保持现有的技术水平和生产经营状况	其他目标
总计	7841	42. 45	3. 32	3. 93	18. 34	50. 40	18. 68	5. 33
一、按规模分								
大型企业	371	72. 60	8. 09	8. 63	18. 33	53. 91	8. 09	2. 97
中型企业	1745	51. 34	4. 30	4. 41	20. 69	49. 00	16. 68	4. 93
小型企业	5156	44. 19	2. 60	3. 53	17. 98	51. 86	19. 20	4. 83
微型企业	569	19. 66	3. 69	2. 99	14. 41	39. 19	27. 07	12. 65
二、按登记注册类型分								
内资企业	7533	42. 17	2. 96	3. 78	18. 44	50. 60	18. 84	5. 38
国有企业	146	59. 11	3. 43	4. 11	19. 86	58. 22	8. 90	5. 48
集体企业	9	20. 93				33. 33	55. 56	11. 11
股份合作企业	11	40. 74			9. 09	63. 64	27. 27	
联营企业	2	33. 33				50. 00	50. 00	
国有联营企业	2	66. 67				50. 00	50. 00	
有限责任公司	1233	47. 22	3. 16	4. 30	20. 52	51. 66	15. 57	4. 79
国有独资公司	291	52. 91	2. 06	4. 12	17. 53	56. 01	15. 12	5. 16
股份有限公司	154	55. 80	9. 74	9. 09	18. 18	53. 90	7. 14	1. 95
私营企业	5978	40. 80	2. 74	3. 55	18. 03	50. 12	19. 97	5. 59
其他企业								
港、澳、台商投资企业	111	51. 15	13. 51	3. 60	18. 92	45. 05	16. 22	2. 70
合资经营企业（港或澳、台资）	37	64. 91	13. 51		21. 62	43. 24	18. 92	2. 70

续表

项目	制定创新战略目标的企业数/个	制定创新战略目标企业占全部企业的比重/%	在制定创新战略目标企业中，制定下列目标的企业占比/%					
			保持本领域的国际领先地位	赶超同行业国际领先企业	赶超同行业国内领先企业	增加创新投入，提升企业竞争力	保持现有的技术水平和生产经营状况	其他目标
合作经营企业（港或澳、台资）								
港澳台商独资经营企业	65	44.52	15.39	4.62	16.92	44.62	15.39	3.08
港澳台商投资股份有限公司	7	63.64			28.57	71.43		
其他港澳台投资企业	2	100.00		50.00			50.00	
外商投资企业	197	50.38	11.17	9.65	14.21	45.69	14.21	5.08
中外合资经营企业	107	66.05	7.48	5.61	14.02	51.40	17.76	3.74
中外合作经营	4	66.67		25.00		50.00		25.00
外资企业	75	36.95	17.33	14.67	12.00	38.67	10.67	6.67
外商投资股份有限公司	9	75.00	11.11	11.11	33.33	33.33	11.11	
其他外商投资企业	2	25.00			50.00	50.00		
三、**按行业分**								
采矿业	36	20.34	11.11		11.11	55.56	11.11	11.11
制造业	4111	59.93	3.48	4.72	20.07	55.95	13.53	2.26
电力、热力、燃气及水生产和供应业	81	29.67		3.70	11.11	48.15	28.40	8.64
建筑业	435	29.75	0.92	1.61	11.03	48.74	31.72	5.98
批发和零售业	1981	28.64	2.78	3.23	15.30	41.90	26.35	10.45
交通运输、仓储和邮政业	239	31.57	3.77	2.51	25.11	37.24	25.11	6.28
信息传输、软件和信息技术服务业	316	61.12	8.86	3.80	21.84	49.37	10.76	5.38
租赁和商务服务业	284	32.61	1.76	3.87	20.42	41.20	21.83	10.92
科学研究和技术服务业	285	62.64	4.21	3.16	16.49	52.98	17.90	5.26

续表

项目	制定创新战略目标的企业数/个	制定创新战略目标企业占全部企业的比重/%	在制定创新战略目标企业中，制定下列目标的企业占比/%					
			保持本领域的国际领先地位	赶超同行业国际领先企业	赶超同行业国内领先企业	增加创新投入，提升企业竞争力	保持现有的技术水平和生产经营状况	其他目标
水利、环境和公共设施管理业	73	39.89		2.74	20.55	52.06	20.55	4.11
四、按地区分								
渝中区	311	40.23	3.86	3.22	21.87	43.41	21.22	6.43
大渡口区	123	40.33	4.07	3.25	26.83	42.28	21.14	2.44
江北区	278	45.88	4.32	4.32	19.78	48.56	17.99	5.04
沙坪坝区	299	41.30	1.67	3.34	14.38	52.51	23.41	4.68
九龙坡区	633	48.25	3.48	3.16	18.80	52.45	18.33	3.79
南岸区	349	50.22	3.44	4.01	20.34	51.00	14.33	6.88
北碚区	306	58.51	4.58	4.90	19.28	56.54	11.77	2.94
渝北区	734	50.24	4.22	4.36	22.48	47.41	16.08	5.45
巴南区	307	47.38	3.26	4.24	19.22	50.81	15.64	6.84
涪陵区	306	42.56	3.27	5.88	16.67	45.43	22.88	5.88
长寿区	257	48.13	4.28	5.06	16.73	45.53	20.23	8.17
江津区	480	47.81	2.50	3.75	16.88	56.88	16.04	3.96
合川区	194	41.02	3.61	2.06	17.53	59.79	15.46	1.55
永川区	264	41.06	4.17	4.92	17.05	50.76	17.42	5.68
南川区	131	40.18	4.58	2.29	9.92	48.09	29.01	6.11
綦江区	239	37.29	2.93	4.60	24.27	44.35	19.25	4.60
潼南区	121	34.57	0.83	4.96	23.14	47.93	18.18	4.96
铜梁区	242	40.95	3.72	4.13	16.12	58.68	13.22	4.13

续表

项目	制定创新战略目标的企业数/个	制定创新战略目标企业占全部企业的比重/%	在制定创新战略目标企业中，制定下列目标的企业占比/%					
			保持本领域的国际领先地位	赶超同行业国际领先企业	赶超同行业国内领先企业	增加创新投入，提升企业竞争力	保持现有的技术水平和生产经营状况	其他目标
大足区	224	36. 96	3. 13	5. 80	16. 96	52. 68	16. 52	4. 91
荣昌区	248	38. 39	3. 23	2. 42	17. 74	48. 39	25. 40	2. 82
璧山区	328	45. 56	2. 13	4. 27	20. 73	52. 13	15. 85	4. 88
万州区	209	39. 29	3. 35	0. 96	22. 01	44. 50	22. 01	7. 18
梁平区	96	32. 65	2. 08	5. 21	16. 67	40. 63	22. 92	12. 50
城口县	12	28. 57				75. 00	25. 00	
丰都县	65	30. 09	13. 85	1. 54	15. 39	46. 15	20. 00	3. 08
垫江县	134	42. 81	2. 24	2. 99	27. 61	50. 75	12. 69	3. 73
忠　县	92	37. 40	2. 17	2. 17	9. 78	53. 26	22. 83	9. 78
开州区	145	41. 67	2. 07	2. 76	15. 86	59. 31	17. 24	2. 76
云阳县	114	27. 14	1. 75	1. 75	7. 90	56. 14	24. 56	7. 90
奉节县	142	34. 30	7. 04	2. 82	7. 75	50. 00	26. 06	6. 34
巫山县	32	21. 33		3. 13	12. 50	56. 25	12. 50	15. 63
巫溪县	32	32. 65		9. 38	12. 50	56. 25	18. 75	3. 13
黔江区	76	43. 18	1. 32	6. 58	19. 74	43. 42	21. 05	7. 90
武隆区	37	29. 13		10. 81	10. 81	45. 95	32. 43	
石柱土家族自治县	65	45. 78		6. 15	13. 85	44. 62	32. 31	3. 08
秀山土家族苗族自治县	114	35. 40		4. 39	11. 40	43. 86	22. 81	17. 54
酉阳土家族苗族自治县	51	38. 93	3. 92	5. 88	11. 77	58. 82	11. 77	7. 84
彭水苗族土家族自治县	51	25. 50			15. 69	49. 02	33. 33	1. 96

八、科技计划及成果

说明：数据调查范围为国家科技计划项目争取情况、市级科技计划项目立项情况、科技平台运行情况、科技型企业发展情况、全市专利情况、技术市场交易情况、成果登记和科技奖励情况、高新技术企业认定情况。

8-1 争取国家科技计划项目（2018—2021 年）

计划类别	2018 年		2019 年		2020 年		2021 年	
	立项数/项	计划拨款/万元	立项数/项	计划拨款/万元	立项数/项	计划拨款/万元	立项数/项	计划拨款/万元
合计	919	107358.56	889	76161.53	928	66889.1	1055	193756.9
科技部计划	31	65758.56	28	31761.53	12	15700	101	134992.6
工程研究中心								
国家重点实验室					2			
农业科技成果转化			9	1000				
国家技术创新中心							1	
国家野外科学观测研究站							2	
科技富民惠民								
国际科技合作	3	994					3	1300
成果转化								
软科学								
科技重大专项	2	10105.56	1	902			3	9450
重点研发计划	22	39165	18	29859.53	10	15700	36	78749.9
研究开发专项	1	494						
军民融合创新							53	27451.4
其他（园区）	3	15000					3	18041.3
国家自然科学基金	888	41600	861	44400	916	51189.10	954	58764.3

8-2 重庆市市级科技计划项目（2021 年）

计划/专项类别	项目数/项	计划总额/万元	当年计划/万元
合计	2558	55350	41696
自然科学基金	1512	9660	7540
技术创新与应用发展	254	35010	25886
技术预见与制度创新	197	2000	2000
其他	595	8680	6270

8-3 按技术领域分市级科技计划项目立项（2021 年）

技术领域名称	已拨款项目数/项	计划总额/万元	已执行/万元
合计	2558	55350	41696
电子信息	327	11705	6505
服务业	61	570	570
环境保护	85	1830	1360
交通城建	97	2140	1810
科技服务	75	1155	1015
能源资源	61	1890	1285
汽车与摩托车	52	6810	5840
社会发展	15	100	100
现代农业	221	10095	9575
新材料	225	3015	2479
医药卫生	526	8000	5445
装备制造	248	3720	2486
综合化工	70	500	400
其他	495	3820	2826

8-4 按单位性质分市级科技计划项目立项（2021 年）

单位性质名称	项目数/项	计划总额/万元	当年计划/万元
合计	2558	55350	41696
高等院校	1351	19735	13431
研究院所	414	11830	8990
企业	460	20825	17545
公益性机构	43	365	255
政府机构	37	380	200
其他	253	2215	1275

8-5 重庆市重点实验室（2015—2021年）

项目	2015年	2016年	2017年	2018年	2019年	2020年	2021年
国家重点实验室/个	8	8	8	8	8	10	10
省部共建国家重点实验室培育基地/个	3	3	3	3	3	1	1
重庆市重点实验室/个	100	114	136	171	172	210	210
实验室人员/人	3340	3772	4925	6870	7589	7849	10406
完成投资/万元	62486	82573	127417	170000	217469	412500	476543
#政府投资	9737	38124	40364	97000	104317	107789	101761
累计仪器设备总值/亿元	18	19.86	36	42	67.7	117	102
#新增仪器设备总值/亿元	1.38	1.86	2.92	5.84	5.36	20.81	10.26
建筑面积/平方米	231100	240500	641400	890000	1171338	1245934	1401000
新立项科研项目/项	800	882	2090	3200	4698	5373	6991
项目拨款经费/万元	39298	82573	99016	117016	217102	200862	438413
获得奖励/项	62	65	70	281	403	343	1513
出版专著/部	60	51	107	245	287	277	367
发表期刊或会议论文/篇	2156	2006	8948	8948	10488	11257	12879
#国际期刊	2022	—	2639	4282	5996	6762	8471
国际会议论文	90	—	1012	602	826	602	656
申请专利/项	232	379	1608	2240	3829	3809	5651
#发明专利	189	332	1096	1592	2825	2681	2323
获得专利授权/项	426	651	1083	1453	2619	2479	3991
#发明专利	377	479	701	978	1627	1727	2323
培养出站（毕业）人才/人	3142	3772	3823	4748	8417	5880	5952
主办学术会议/次	169	235	—	449	636	579	664

8-6 重庆市新型研发机构（2017—2021年）

指标	2017年	2018年	2019年	2020年	2021年
新型研发机构机构/个	40	66	86	142	179
创新平台数量/个	32	64	123	134	147
在职人员/人	1262	1989	2941	9981	12105
#研发人员	923	1576	2332	7739	8619

续表

指标	2017 年	2018 年	2019 年	2020 年	2021 年
#高级职称	279	517	715	1179	2170
#博士人员	164	388	528	1120	1716
累计仪器设备原值总值/万元	28613	46202	63556	120350	195609
#新增仪器设备原值总值	12171	6554	12964	56794	75259
建筑面积/万平方米	9. 2	46. 7	55. 6	117. 5	215. 6
新立项科研项目/项	144	153	240	940	1522
项目拨款经费/万元	7602	8758	12182	72397. 8	92080. 8
申请专利/项	318	649	813	2087	2548
#发明专利	121	246	395	1061	1653
获得专利授权/项	118	396	386	1212	1214
#发明专利	44	75	50	179	376
新型研发机构总收入/万元	868754	1029212	1037031	1336208. 1	1792325. 8
孵化企业数量/家	55	92	133	316	572
研发投入经费（R&D）/万元	30464	49081	65410	194890. 24	255083. 8

8-7 重庆市科技型企业（2021 年）

类别及名称	企业数/家	从业人员数/人	研发费用支出/亿元	有效专利量/件	研发平台数/个	高新技术产品数/个
合计	36939	931195	789. 8	79799	332	2358
一、按产业分						
第一产业	4902	39726	13. 8	3182	8	32
第二产业	14714	671094	623. 4	46893	258	1795
第三产业	17323	220375	152. 6	29724	66	531
二、按技术领域分						
电子信息	7489	132054	303. 6	15922	36	434
高技术服务	6244	121851	76. 4	13562	38	195
航空航天	52	1586	1. 4	225	1	8
生物与新医药	2609	60142	33. 6	5381	49	272
先进制造与自动化	5880	282810	241. 9	23040	116	884
新材料	2416	101197	56. 6	7352	38	314
新能源与节能	799	44813	16. 3	3395	17	64

续表

类别及名称	企业数/家	从业人员数/人	研发费用支出/亿元	有效专利量/件	研发平台数/个	高新技术产品数/个
资源与环境	1410	44210	17.8	3467	18	91
其他	10040	142532	42.1	7455	19	96
三、按地区分						
渝中区	897	43707	16.3	2839	8	38
大渡口区	363	24215	83.1	2413	5	83
江北区	1665	50766	59.0	6025	13	100
沙坪坝区	2008	43069	31.5	3055	15	56
九龙坡区	2865	68792	38.3	10277	41	344
南岸区	1786	42653	25.1	3799	26	84
北碚区	2266	47234	63.9	3261	17	75
渝北区	4461	143631	104.8	15688	74	441
巴南区	3711	43448	23.9	2442	18	58
涪陵区	1157	40907	20.5	1499	8	86
长寿区	679	33464	17.7	2149	10	84
江津区	1476	51911	24.7	4049	19	159
合川区	915	21103	8.0	1639	6	123
永川区	1001	19268	7.0	2335	7	53
南川区	487	9273	2.6	672	3	29
綦江区（不含万盛）	1633	25181	9.4	1080	3	48
潼南区	703	11622	4.1	642	4	24
铜梁区	793	31063	191.9	1811	6	89
大足区	1199	14310	5.8	1330	1	32
荣昌区	1043	20517	4.8	1205	5	59
璧山区	1440	48205	20.3	2797	15	101
万州区	624	23020	7.5	1441	7	51
梁平区	239	5824	1.5	673	5	17
城口县	84	968	0.2	72		3
丰都县	152	6121	2.2	159		13
垫江县	242	8214	2.4	706	2	37
忠　县	260	6148	2.0	541	1	3
开州区	258	10003	2.0	1418	1	6
云阳县	204	5112	0.8	234		4
奉节县	478	7872	2.5	1144	1	1

续表

类别及名称	企业数/家	从业人员数/人	研发费用支出/亿元	有效专利量/件	研发平台数/个	高新技术产品数/个
巫山县	67	839	0.1	32		
巫溪县	66	776	0.3	98		
黔江区	394	4545	0.9	844	4	7
武隆区	145	1521	0.3	104		
石柱土家族自治县	220	2981	1.1	185	3	27
秀山土家族苗族自治县	253	1736	0.5	151	1	
酉阳土家族苗族自治县	276	1839	0.4	345		
彭水苗族土家族自治县	114	1245	0.2	163	1	
两江新区	3329	127962	145.0	10615	62	261
重庆高新区	1152	41706	24.1	4224	22	83
万盛经开区	315	8092	2.0	482	2	23
璧山高新区	822	37195	12.8	1990	13	55

8-8 各区县国内专利授权数（2021 年）

单位：件

地区	合计								
		#发明	实用新型	外观设计	#大专院校	科研院所	机关团体	企业	个人
全市	76206	9413	58410	8383	9987	1004	2766	54856	7593
渝中区	2842	315	2366	161	557	3	535	1394	353
大渡口区	1563	142	1268	153	1		5	1490	67
江北区	4748	842	3412	494	228	39	311	3854	316
沙坪坝区	6585	1640	4620	325	3540	23	165	2332	525
九龙坡区	6461	619	5157	685	191	218	146	5558	348
南岸区	4384	1174	2845	365	1136	160	17	2702	369
北碚区	3756	636	2711	409	514	153	75	2815	199
渝北区	9915	1626	7292	997	449	308	309	8355	494
巴南区	3586	298	2717	571	290	6	89	3030	171
涪陵区	1978	184	1349	445	150	3	106	1423	296
长寿区	1523	205	1243	75	55	9	15	1318	126
江津区	4946	484	3793	669	1167		99	3435	245
合川区	1735	117	1305	313	72	2	33	1397	231
永川区	2708	214	2337	157	977		52	1456	223

续表

地区	合计	#发明	实用新型	外观设计	#大专院校	科研院所	机关团体	企业	个人
南川区	617	44	513	60		14	30	454	119
綦江区（不含万盛）	1063	46	911	106	1		27	816	219
万盛经开区	288	12	255	21			2	254	32
潼南区	688	39	517	132			34	469	185
铜梁区	1842	33	1656	153	1		66	1636	139
大足区	1618	49	1309	260	5		13	1381	219
荣昌区	1231	113	943	175	41	50	50	955	135
璧山区	3011	125	2694	192	59		128	2692	132
万州区	1831	113	1344	374	491	11	59	823	447
梁平区	582	33	489	60		1	11	440	130
城口县	54	4	42	8				37	17
丰都县	272	7	215	50	1		45	92	134
垫江县	742	26	636	80	2		79	528	133
忠　县	603	14	475	114			29	327	247
开州区	2061	56	1755	250	3	1	46	1575	436
云阳县	538	51	385	102			31	307	200
奉节县	504	61	352	91	4		21	348	131
巫山县	121	32	48	41		1	6	59	55
巫溪县	250	19	169	62			19	137	94
黔江区	483	14	413	56	52	2	48	314	67
武隆区	173	2	151	20			15	105	53
石柱土家族自治县	342	7	276	59			19	188	135
秀山土家族苗族自治县	215	6	166	43			16	135	64
酉阳土家族苗族自治县	188	5	158	25			8	118	62
彭水苗族土家族自治县	159	6	123	30			7	107	45

8-9　有效发明专利情况（2013—2021 年）

	2013 年	2014 年	2015 年	2016 年	2017 年	2018 年	2019 年	2020 年	2021 年
有效发明专利量/件	8609	10010	12810	16737	22298	27932	32443	35353	42349
常住人口/万人	2970	2991.4	3016.55	3016.55	3075.16	3075.16	3101.79	3124.32	3205.42
专利密度（件/万人）	2.90	3.35	4.25	5.55	7.25	9.08	10.46	11.32	13.21

8-10 各区县有效发明专利情况（2021 年）

地区	总人口/万人	有效量/件	按申请人类型分					专利密度/件·万人$^{-1}$
			大专院校	科研院所	机关团体	企业	个人	
全市	3205.42	42349	12056	2152	433	26224	1484	13.21
渝中区	58.87	1455	328	31	91	900	105	24.71
大渡口区	42.19	827	1			810	16	19.60
江北区	92.58	2645	25	49	88	2405	78	28.57
沙坪坝区	147.73	7089	5589	88	13	1231	168	47.98
九龙坡区	152.68	3718	147	314	13	3124	120	24.35
南岸区	119.76	5297	2792	650	10	1663	182	44.23
北碚区	83.49	2893	1038	442	6	1354	53	34.65
渝北区	219.15	5472	246	401	51	4625	149	24.97
巴南区	117.89	1270	485	5	4	715	61	10.77
涪陵区	111.50	671	250	3	3	362	53	6.02
长寿区	69.30	1335	2	4	16	1252	61	19.27
江津区	135.96	1928	593	2	5	1288	40	14.18
合川区	124.53	1074	13	2	11	1007	41	8.62
永川区	114.89	1143	342	2	4	782	13	9.95
南川区	57.24	197		16	4	167	10	3.44
綦江区（不含万盛）	77.55	229	1	1	8	205	14	2.95
万盛经开区	23.58	169				157	12	7.17
潼南区	68.81	437	2	1	1	401	32	6.35
铜梁区	68.57	466		3	8	443	12	6.80
大足区	83.46	304				283	21	3.64
荣昌区	66.90	672	37	88	19	499	29	10.05
璧山区	75.60	1013	5		1	985	22	13.40
万州区	156.44	458	150	6	4	257	41	2.93
梁平区	64.53	161		1	1	152	7	2.49
城口县	19.75	13				8	5	0.66
丰都县	55.74	62				51	11	1.11
垫江县	65.07	173			4	151	18	2.66
忠　县	72.10	78	3		1	60	14	1.08
开州区	120.33	185	3		4	151	27	1.54

续表

地区	总人口/万人	有效量/件	按申请人类型分					专利密度/件·万人$^{-1}$
			大专院校	科研院所	机关团体	企业	个人	
云阳县	92.90	34				29	5	0.37
奉节县	74.48	330	3	1	44	271	11	4.43
巫山县	46.25	24			6	16	2	0.52
巫溪县	38.87	116			6	94	16	2.98
黔江区	48.73	121		1	2	114	4	2.48
武隆区	35.67	22				21	1	0.62
石柱土家族自治县	38.90	132		39	5	80	8	3.39
秀山土家族苗族自治县	49.62	43				33	10	0.87
酉阳土家族苗族自治县	60.73	53				45	8	0.87
彭水苗族土家族自治县	53.06	40	1	2		33	4	0.75

8-11 技术市场成交合同数（2014—2021 年）

单位：件

项目	2014 年	2015 年	2016 年	2017 年	2018 年	2019 年	2020 年	2021 年
合计	4072	2706	2094	2129	2952	3822	3592	7266
一、按合同类型分								
技术开发	2178	1331	1464	1387	1203	1505	1625	1975
技术转让	1007	937	293	386	183	147	179	269
技术咨询	224	156	50	31	183	554	575	939
技术服务	663	282	287	325	1383	1616	1213	4083
二、按卖方类型分								
机关法人	4		9	1	6			
事业法人	1732	1012	1114	904	1856	2438	1533	4689
#科研机构	336	292	240	288	1062	1790	744	3732
高等院校	1367	660	836	596	500	472	660	904
医疗、卫生	2	1	9	3	3	3	4	
其他	27	59	29	17	292	173	125	53
社团法人					103			
企业法人	2306	1660	937	1181	984	1381	2044	2568

续表

项目	2014 年	2015 年	2016 年	2017 年	2018 年	2019 年	2020 年	2021 年
自然人	5		2	1	1	1	3	1
其他组织	25	34	32	42	2	2	12	8
三、按买方类型分								
机关法人	866	410	486	394	494	679	667	1028
事业法人	1700	962	487	552	426	485	622	633
#科研机构	532	314	243	179	139	138	99	142
高等院校	673	515	118	161	84	58	77	109
医疗、卫生	338	13	24	31	49	53	48	60
其他	157	120	102	181	154	236	398	322
社团法人	17	7	8	10	6	8	6	15
企业法人	1412	1200	1036	1088	1907	2572	2262	5538
自然人	64	119	73	83	102	26	9	6
其他组织	13	8	4	2	17	52	26	46

注：技术市场成交合同包括技术输出及吸纳国外技术合同数（不含向国内其他省市吸纳技术情况）。

8-12 技术市场成交额（2014—2021 年）

单位：万元

项目	2014 年	2015 年	2016 年	2017 年	2018 年	2019 年	2020 年	2021 年
合计	1753506	1457013	2574422	1216870	2661718	1503581	1542250	3108532
一、按合同类型分								
技术开发	901976	402548	791552	512734	1762424	407443	410841	549191
技术转让	151915	835554	1594491	482003	710295	758948	590174	1293325
技术咨询	32196	125274	3031	8885	16105	29133	104156	79556
技术服务	667418	93636	185347	213248	172895	308057	437079	1186460
二、按卖方类型分								
机关法人	350000		836000	15000	760000			
事业法人	149984	198000	174131	84331	126311	104476	124254	162514
#科研机构	61828	60191	44062	65911	97905	73578	65040	118570
高等院校	84435	134192	125296	14066	21598	26810	49264	38472
医疗、卫生	30	75	2893	228	202	62	251	

续表

项目	2014 年	2015 年	2016 年	2017 年	2018 年	2019 年	2020 年	2021 年
其他	3691	3542	1878	4127	6575	4026	9698	5471
社团法人					161			
企业法人	1166004	1096972	1315532	894637	1773651	1342530	1352233	2781395
自然人	631		307	170	750	40	823. 55	900
其他组织	86887	162041	248451	222732	845	26535	64749	163723
三、按买方类型分								
机关法人	248590	93967	99454	60467	445026	67591	76977	337719
事业法人	46726	28152	23643	40897	29806	43979	81844	113000
#科研机构	24691	16929	13359	15953	16058	15543	8953	10827
高等院校	5981	4457	1316	5148	1162	5009	6815	6150
医疗、卫生	1595	13	3301	2058	1005	503	6971	21056
其他	14459	6610	5665	17739	11581	22924	59106	74967
社团法人	324	134. 6	566	575	88	1446	414	1017
企业法人	1444563	1310406	2450082	1112998	2183672	1386994	1372660	2626845
自然人	10966	955	571	1920	1448	391	2560	829
其他组织	2337	23398	102	13	1677	3181	7605	29121

注：技术市场成交额包括技术输出及吸纳国外技术合同金额（不含向国内其他省市吸纳技术情况）。

8-13 各地区技术市场成交合同数（2014—2021 年）

单位：件

地区	2014 年	2015 年	2016 年	2017 年	2018 年	2019 年	2020 年	2021 年
总计	4072	2706	2094	2129	2952	3822	3592	7266
重庆市	4015	2638	2053	2066	2873	3760	3515	7194
渝中区	107	137	104	47	104	76	51	40
大渡口区	334		3	8	8	7	9	24
江北区	275	245	194	325	1107	1848	496	2916
沙坪坝区	786	204	91	106	68	154	255	659
九龙坡区	151	174	157	105	144	283	166	422
南岸区	525	386	299	295	318	270	644	542
北碚区	418	348	688	543	388	277	392	433
渝北区	1350	1108	466	574	387	504	788	1167

续表

地区	2014 年	2015 年	2016 年	2017 年	2018 年	2019 年	2020 年	2021 年
巴南区	1		14	24	7	15	64	89
涪陵区	13	11	5	11	7	11	16	42
长寿区	3	5	10	14	288	248	393	430
江津区							11	20
合川区	3	3	1	2	1		8	9
永川区	10	6	5	7	9	44	49	29
南川区							3	12
綦江区（不含万盛）	17				4	2	42	167
万盛经开区								
潼南区			2				1	20
铜梁区					2		2	8
大足区			1			1		7
荣昌区	9			1		3	43	63
璧山区			1			3	10	25
万州区	1	7	8	1	27	9	44	37
梁平区	2	3		3			3	5
城口县								
丰都县			2					
垫江县		1					1	1
忠　县						1		1
开州区								4
云阳县								
奉节县							5	13
巫山县								
巫溪县								
黔江区	10		2		4	2	14	
武隆区								
石柱土家族自治县						2		2
秀山土家族苗族自治县							5	4
酉阳土家族苗族自治县								
彭水苗族土家族自治县								3
其他国家和地区	57	68	41	63	79	62	77	72

注：本表数据以合同卖方统计。

8-14 各地区技术市场成交额（2014—2021 年）

单位：万元

地区	2014 年	2015 年	2016 年	2017 年	2018 年	2019 年	2020 年	2021 年
总计	1753506	1457013	2574422	1216870	2661718	1503581	1542250	3108532
重庆市	1561987	572366	1471871	513276	1882928	566518	1177864	1845009
渝中区	105203	10082	189150	13487	27342	13929	16760	6511
大渡口区	1540		792	3721	4017	748	834	37232
江北区	107620	60781	68706	74077	116640	170627	187406	240911
沙坪坝区	81753	111829	136436	27841	203462	15527	60307	194205
九龙坡区	547327	59012	93809	109441	253798	35581	64598	361771
南岸区	60154	32479	33777	42655	33418	121004	163364	180492
北碚区	10272	40674	15393	24355	16477	23645	49431	45278
渝北区	47092	174238	45577	106295	47573	68932	449921	287556
巴南区	40		1765	14776	9722	1358	21155	24401
涪陵区	382316	44635	233103	59112	187730	44062	50779	207596
长寿区	4030	5415	10092	11971	28653	10517	34603	48866
江津区							5123	47155
合川区	1670	6621	280	1480	19000		17267	19477
永川区	7939	915	1558	22513	5380	5376	603	235
南川区							95	102
綦江区（不含万盛）	49469				335000	188	15126	58579
万盛经开区								
潼南区			85				159	282
铜梁区					3325		150	6031
大足区			50			100		327
荣昌区	721			900		50282	21203	33335
璧山区			0. 4			2291	5486	12596
万州区	150000	20832	616100	615	589959	2111	10286	13396
梁平区	2260	4795		38			218	1065
城口县								
丰都县			22131					
垫江县		58					210	80
忠 县						122		20

续表

地区	2014年	2015年	2016年	2017年	2018年	2019年	2020年	2021年
开州区								11780
云阳县								
奉节县							1183	2502
巫山县								
巫溪县								
黔江区	2580		3060		1434	57	1297	
武隆区								
石柱土家族自治县						61		800
秀山土家族苗族自治县							300	449
酉阳土家族苗族自治县								
彭水苗族土家族自治县								1980
其他国家和地区	191519	884647	1102551	703595	778922	937063	364386	1263523

8-15　技术合同输出及吸纳情况（2015—2021年）

项目	2015年	2016年	2017年	2018年	2019年	2020年	2021年
技术合同合计							
项数/项	5977	5578	5634	5670	10031	3592	7266
成交额/亿元	241.5	672.1	285.5	573.8	323.54	154.23	310.85
技术合同输出							
项数/项	2637	2053	2070	2875	3788	1266	5382
成交额/亿元	57.2	147.2	51.4	188.3	71.23	53.39	199.82
技术合同吸纳							
国内项数/项	3271	3484	3501	2206	6178	2227	1800
国外项数/项	69	41	63	79	65	99	84
国内成交额/亿元	95.8	414.6	163.7	130.4	158.35	66.16	107.86
国外成交额/亿元	88.5	110.3	70.4	77.9	93.96	34.68	3.77

8-16 成果登记（2014—2021 年）

单位：项

项目	2014 年	2015 年	2016 年	2017 年	2018 年	2019 年	2020 年	2021 年
合计	1832	1418	1676	1350	1369	1312	1446	1485
按成果类型分								
应用技术成果	1596	1257	1516	1228	1259	1140	1316	1413
基础理论成果	125	95	108	44	32	23	109	27
软科学成果	111	66	52	78	78	149	21	45
按单位性质分								
科研机构	179	108	113	107	116	144	124	175
大专院校	219	175	137	48	49	26	8	27
企业	1237	930	1197	1066	1011	938	1155	1166
#科研机构转制企业	29	14	10	9	6	5	1	
医疗机构	94	121	151	73	116	136	113	46
其他	103	84	78	56	77	68	46	71
按区县分								
渝中区	46	48	42	11	19	18	21	14
大渡口区	13	9	11	9	15	4		1
江北区	75	63	32	35	28	29	47	32
沙坪坝区	157	105	77	28	46	31	32	21
九龙坡区	254	121	133	94	65	69	91	156
南岸区	84	57	47	21	11	21	48	19
北碚区	85	46	58	9	6	16	14	35
渝北区	101	107	98	52	122	106	151	179
巴南区	39	10	6		8	13	47	91
涪陵区	78	76	68	117	110	108	103	5
长寿区	51	40	50	55	83	82	135	48
江津区	27	7	9	3	29	81	143	83
合川区	60		35	12		1	3	
永川区	75	27	24	31	29	4	1	1
南川区	25	19	23	4		9		
綦江区（不含万盛）	126	199	241	159	38	71	12	72
万盛经开区	13	17	26	30	35	35	4	
潼南区	80	55	113	115	115	79	62	95
铜梁区				29	61	50	8	64

续表

项目	2014 年	2015 年	2016 年	2017 年	2018 年	2019 年	2020 年	2021 年
大足区	9	1			1	55	64	38
荣昌区	17	7	50	61	70	60	85	87
璧山区	154	165	223	260	243	216	197	194
万州区	34	36	43	1	4	2	7	62
梁平区	38	34	39	42	73	48	32	41
城口县		1					1	
丰都县	30	17	17	1	1		23	6
垫江县	41	62	90	81	41		29	53
忠　县	20	21		21	25		28	42
开州区	17	19	14		4	8	16	
云阳县	1		1					
奉节县	12	8	16		7	29		28
巫山县	7	5	7	11	3			
巫溪县	23	31	44	39	45	44	25	16
黔江区	7		13	1	22	12	6	
武隆区	4	9				9	9	2
石柱土家族自治县	9	9	1				2	
秀山土家族苗族自治县			2			2		
酉阳土家族苗族自治县	3	4	4	1				
彭水苗族土家族自治县	30		19	17	10			

8-17　科技奖励情况（2013—2021 年）

单位：个

项目	2013 年	2014 年	2015 年	2016 年	2017 年	2018 年	2019 年	2020 年	2021 年
国家科学技术奖励	6	10	13	6	5	6	12	9	0
最高科学技术奖									
自然科学奖		1	1			1			
一等奖									
二等奖		1	1			1			
技术发明奖	1	1	2				2	3	
一等奖									

续表

项目	2013 年	2014 年	2015 年	2016 年	2017 年	2018 年	2019 年	2020 年	2021 年
二等奖	1	1	2				2	3	
科技进步奖	5	8	10	6	5	5	10	6	
特等		1			1				
一等奖	1		2				3		
二等奖	4	7	8	6	4	5	7	6	
国际科学技术合作奖									
重庆市科学技术奖励	180	142	126	119	144	152	151	153	159
科技突出贡献奖					2		2		2
自然科学奖	22	16	17	11	23	25	24	29	29
一等奖	3	3	3	1	4	5	8	7	6
二等奖	6	3	6	4	7	8	10	14	14
三等奖	13	10	8	6	12	12	6	8	9
技术发明奖	9	4	4	4	5	5	4	6	6
一等奖	2	1	1	1	1	1	2	2	3
二等奖	1	2	1	1	2	2	1	3	2
三等奖	6	1	2	2	2	2	1	1	1
科技进步奖	138	117	100	100	112	120	114	115	114
一等奖	9	14	13	15	16	18	20	23	23
二等奖	49	21	26	40	36	38	45	43	46
三等奖	80	82	61	45	60	64	49	49	45
企业技术创新奖	9	5	5	4	2	2	6	3	7
国际科技合作奖							1		1

8-18 高新技术企业认定情况（2014—2021 年）

项目	2014 年	2015 年	2016 年	2017 年	2018 年	2019 年	2020 年	2021 年
当年新认定高新技术企业/家	261	420	762	832	893	1415	1916	1795
累计认定高新技术企业/家	2287	2707	3469	4301	5194	6609	8524	10318
有效期内高新技术企业/家	757	947	1443	2012	2468	3141	4223	5109

九、指标解释

研究与试验发展（R&D）：指在科学技术领域，为增加知识总量以及运用这些知识去创造新的应用而进行的系统的、创造性的活动，包括基础研究、应用研究、试验发展三类活动。

基础研究：指为了获得关于现象和可观察事实的基本原理的新知识（揭示客观事物的本质、运动规律，获得新发展、新学说）而进行的实验性或理论性研究，它不以任何专门或特定的应用或使用为目的。

应用研究：指为获得新知识而进行的创造性研究，主要针对某一特定的目的或目标。应用研究是为了确定基础研究成果可能的用途，或是为达到预定的目标探索应采取的新方法（原理性）或新途径。

试验发展：指利用从基础研究、应用研究和实际经验所获得的现有知识，为产生新的产品、材料和装置，建立新的工艺、系统和服务，以及对已产生和建立的上述各项做实质性的改进而进行的系统性工作。

R&D 人员：指调查单位内部从事基础研究、应用研究和试验发展三类活动的人员。包括直接参加上述三类项目活动的人员以及这三类项目的管理人员和直接服务人员。为研发活动提供直接服务的人员包括直接为研发活动提供资料文献、材料供应、设备维护等服务的人员。

R&D 人员中全时人员：在报告年度实际从事 R&D 活动的时间占制度工作时间 90%及以上的人员。

R&D 人员全时当量：是国际上通用的、用于比较科技人力投入的指标。指 R&D 全时人员（全年从事 R&D 活动累积工作时间占全部工作时间的 90%及以上人员）工作量与非全时人员按实际工作时间折算的工作量之和。例如：有 2 个 R&D 全时人员（工作时间分别为 0.9 年和 1 年）和 3 个 R&D 非全时人员（工作时间分别为 0.2 年、0.3 年和 0.7 年），则 R&D 人员全时当量＝1+1+0.2+0.3+0.7＝3.2（人年）。

研究人员：指 R&D 人员中具备中级以上职称或博士学历（学位）的人员。

R&D 经费内部支出：指调查单位在报告年度用于内部开展 R&D 活动的实际支出。包括用于 R&D 项目（课题）活动的直接支出，以及间接用于 R&D 活动的管理费、服务费，与 R&D 有关的基本建设支出以及外协加工费等。不包括生产性活动支出、归还贷款支出以及与外单位合作或委托外单位进行 R&D 活动而转拨给对方的经费支出。

日常性支出：指调查单位在报告年度为开展 R&D 活动而发生的人员劳务费，及其各项管理费用和购买非资产性的材料、物资费用等其他日常支出。

资产性支出：指调查单位在报告年度为开展 R&D 活动而进行建造、购置、安装、改建、扩建固定资产，以及进行设备技术改造和大修理等实际支出的费用。

政府资金：指调查单位 R&D 经费内部支出中来自各级政府部门的各类资金，包括财政科学技术拨款、科学基金、教育等部门事业费以及政府部门预算外资金的实际支出。

企业资金：指调查单位 R&D 经费内部支出中来自本企业的自有资金和接受其他企业委托而获得的经费，以及科研院所、高校等事业单位从企业获得的资金的实际支出。

R&D 经费外部支出合计：指报告年度调查单位委托外单位或与外单位合作进行 R&D 活动而拨给对方的经费。

R&D 项目（课题）：指调查单位在当年立项并开展研究工作、在以前年份立项仍继续进行研究的研究开发项目或课题，包括当年完成和年内研究工作已告失败的研发项目或课题。

高新技术企业：根据《高新技术企业认定管理办法》（国科发〔2008〕172 号），高新技术企业是指在《国家重点支持的高新技术领域》内，持续进行研究开发与技术成果转化，形成企业核心自主知识产权，并以此为基础开展经营活动，在中国境内（不包括港、澳、台地区）注册一年以上的居民企业。

高技术产业：根据 2002 年 7 月国家统计局印发的《国家统计局关于印发高技术产业统计分类目录的通知》，中国高技术产业的统计范围包括航空航天器制造业、电子及通信设备制造业、电子计算机及办公设备制造业、医药制造业和医疗设备及仪器仪表制造业共五类行业。该目录参考了 OECD 高技术产业的界定范围。

高新技术产品进出口：根据科技部和商务部（原外经贸部）确定的中国高新技术产品统计目录，包括生物技术、生命科学技术、光电技术、计算机与通信技术、电子技术、计算机集成制造技术、材料技术、航空航天技术和其他共 9 个领域。该目录参照了美国的先进技术产品（ATP－Advanced Technology Product）出口目录和进口目录。

科技企业孵化器：科技企业孵化器是培育和扶植高新技术中小企业的服务机构。孵化器通过为新创办的科技型中小企业提供物理空间和基础设施，提供一系列服务支持，降低创业者的创业风险和创业成本，提高创业成功率，促进科技成果转化，帮助和支持科技型中小企业成长与发展，培养成功的企业和企业家。它对推动高新技术产业发展、完善国家和区域创新体系、繁荣经济，发挥着重要的作用，具有重大的社会经济意义。

新产品：指采用新技术原理、新设计构思研制、生产的全新产品，或在结构、材质、工艺等某一方面比原有产品有明显改进，从而显著提高了产品性能或扩大了使用功能的产品。

创新：指本企业推出了新的或有重大改进的产品或工艺，或采用了新的组织管理方式或营销方法。此处的“新”是指它们对本企业而言必须是新的，但对于其他企业或整个市场而言不要求一定是新的。

产品创新：指企业推出了全新的或有重大改进的产品。产品创新的“新”要体现在产品的功能或特性上，包括技术规范、材料、组件、用户友好性等方面的重大改进；不包括产品仅有外观变化或其他微小改变的情况，也不包括直接转销。

这里所指的产品既包括货物，也包括服务。对工业企业而言，货物方面产品创新的例子有新能源汽车、新功能手机等；服务方面产品创新的例子有新的保修服务，如显著延长的新产品保修期限等。对建筑业企业而言，货物方面产品创新的例子有功能或特性有重大改进的房屋、桥梁或配套的建筑构配件、建筑制品等；服务方面产品创新的例子有新形式的装修售后服务等。对服务业企业而言，货物方面产品创新的例子有新面世的盒装或下载版软件等；服务方面产品创新的例子有新型理财产品、显著改进的咨询服务、有突破进展的设计方案等。

工艺创新：指企业采用了全新的或有重大改进的生产方法、工艺设备或辅助性活动，其中辅助性活动是指企业的采购、物流、财务、信息化等活动。工艺创新的“新”要体现在技术、设备、软件或流程上；不包括单纯的组织管理方式的变化。

对工业企业而言，生产工艺方面工艺创新的例子有采用新型自动化包装生产线替代人工包装等；对建筑业企业而言，施工工艺方面工艺创新的例子有新工法、显著改进的工具等；对服务业企业而言，推出服务或产品的方法方面工艺创新的例子有采用新型自动控制系统调配交通工具等。辅助性活动方面工艺创新的例子有首次采用条形码追踪原材料走向、开发新的软件进行财务管理等。

组织创新：指企业采取了此前从未使用过的全新的组织管理方式，主要涉及企业的经营模式、组织结构或外部关系等方面；不包括单纯的合并或收购。应是企业管理层战略决策的结果。

经营模式方面组织创新的例子有首次使用供应链管理、质量管理、信息共享制度等；组织结构方面组织创新的例子有首次使用机构设置、职责划分、权限管理、决策方式等；外部关系方面组织创新的例子有首次使用商业联盟、新式合作、外包或分包等。

营销创新：指企业采用了此前从未使用过的全新的营销概念或营销策略，主要涉及产品设计或包装、产品推广、产品销售渠道、产品定价等方面；不包括季节性、周期性变化和其他常规的营销方式变化。

产品设计或包装方面营销创新的例子有对现有产品的创意设计、为特定消费群体推出新口味饮料等；产品推广方面营销创新的例子有首次使用新型广告媒体、全新品牌形象、推出会员卡等；产品销售渠道方面营销创新的例子有首次使用电子商务、直销、特许经营、独家零售等；产品定价方面营销创新的例子有首次使用自动调价、折扣系统等。

创新活动：指为实现创新而进行的科学、技术、组织、商业等各种活动的总称。具体包括：开展了产品或工艺创新活动，或实现了组织或营销创新。

产品或工艺创新活动：指研发活动以及为实现产品创新或工艺创新而进行的各种活动的总称。主要的产品或工艺创新活动包括内部研发活动、外部研发活动、获得机器设备和软件、从外部获取相关技术，以及相关的培训、设计、市场推介、可行性研究、测试、工装准备等活动。产品或工艺创新活动不仅包括已经成功的，也包括正在进行的和中止的；它本身可能具有新颖性，也可能并不新颖却是实现创新所必需的。

正在进行的产品或工艺创新活动： 指正在进行、尚未完成预定目标任务的产品或工艺创新活动。

中止的产品或工艺创新活动： 指由于各种原因中断、延期、放弃或失败的产品或工艺创新活动。

新颖度类别： 指产品或工艺的新颖程度，按照从低到高依次分为无创新、本企业新、国内市场新、国际市场新。其中无创新是指未推出新的产品或工艺，或原有的产品或工艺未发生重大改进；本企业新是指产品或工艺对于本企业而言是全新的或有重大改进的，但对于其他企业或整个市场而言并不是；国内市场新是指产品或工艺对于国内市场而言是全新的或有重大改进的，但对于国际市场而言并不是；国际市场新是指产品或工艺在世界范围内是全新的或有重大改进的。

国际市场新的产品或工艺同时一定也是国内市场新和本企业新的；国内市场新的产品或工艺同时一定也是本企业新的。

建筑业和服务业的调查中将“国内市场新”与“国际市场新”合并称为“市场新”，指产品或工艺不仅对于本企业而言是全新的或有重大改进的，对于国际或国内市场及其他企业而言同样也是。

创新合作： 指企业与其他企业或机构共同开展产品或工艺创新活动。创新合作要求企业必须是积极主动参与的，不包括纯外包项目，双方不一定要取得商业利益。

新型研发机构： 指聚焦重庆市科技创新需求，主要从事科学研究、技术创新、研发服务和成果转化，投资主体多元化、管理制度现代化、运行机制市场化、用人机制灵活的独立法人机构，可以是在渝依法注册的科技类民办非企业单位（社会服务机构）、事业单位和企业。

专利： 专利权的简称，是发明人的发明创造经审查合格后，由专利局依据专利法授予发明人和设计人对该项发明创造享有的专有权。包括发明专利、实用新型专利和外观设计专利。

发明专利： 指对产品、方法或者其改进所提出的新的技术方案。

实用新型专利： 指对产品的形状、构造或者其结合所提出的适于实用的新的技术方案。

外观设计专利： 指对产品的形状、图案、色彩或者其结合所做出的富有美感并适于工业上应用的新设计。

职务发明： 执行本单位的任务或者主要是利用本单位的物质条件所完成的发明创造，申请专利的权利属于本单位。

有效发明专利数： 指调查单位作为专利权人在报告年度拥有的、经国内外知识产权行政部门授权且在有效期内的发明专利件数。

专利所有权转让及许可数： 指报告年度调查单位向外单位转让专利所有权或允许专利技术由被许可单位使用的件数。

专利所有权转让与许可收入： 指报告年度调查单位向外单位转让专利所有权或允许专利技术由被许可单位使用而得到的收入。包括当年从被转让方或被许可方得到的一次性付款和分期付款收入，以及利润分成、股息收入等。

集成电路布图设计登记数：指报告年度调查单位向知识产权行政部门提出登记申请并被受理登记的集成电路布图设计的件数。

形成国家或行业标准数：指报告年度调查单位在自主研发或自主知识产权基础上形成的国家或行业标准。形成国家或行业标准须经有关部门批准。

发表科技论文：指在学术刊物上以书面形式发表的最初的科学研究成果。应具备以下三个条件：（1）首次发表的研究成果；（2）作者的结论和试验能被同行重复并验证；（3）发表后科技界能引用。

出版科技著作：指经过正式出版部门编印出版的论述科学技术问题的理论性论文集或专著以及大专院校教科书、科普著作，但不包括翻译国外的著作。由多人合著的科技著作，由第一作者所在单位统计。